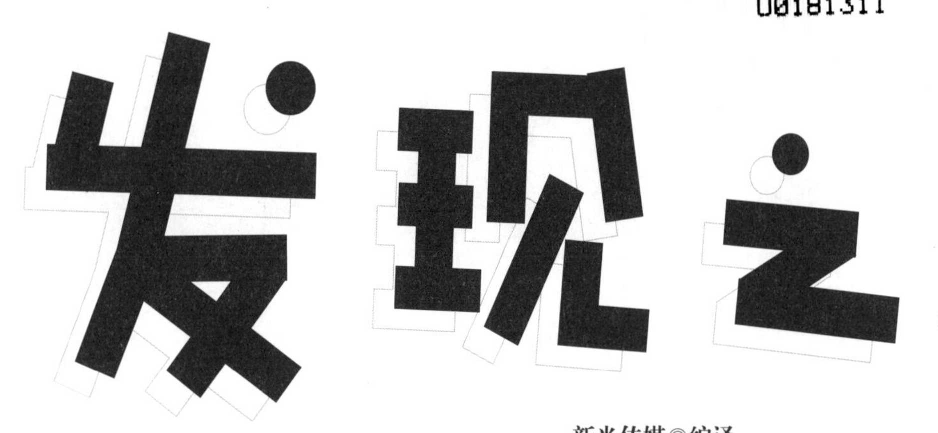

发现之旅

科学篇

新光传媒◎编译

Eaglemoss出版公司◎出品

FIND OUT MORE

地质与地理

石油工業出版社

图书在版编目（CIP）数据

地质与地理 / 新光传媒编译. -- 北京：石油工业出版社，2020.3
（发现之旅. 科学篇）
ISBN 978-7-5183-3156-7

Ⅰ. ①地… Ⅱ. ①新… Ⅲ. ①地质学－普及读物②地理学－普及读物 Ⅳ. ①P5-49②K90-49

中国版本图书馆CIP数据核字（2019）第035320号

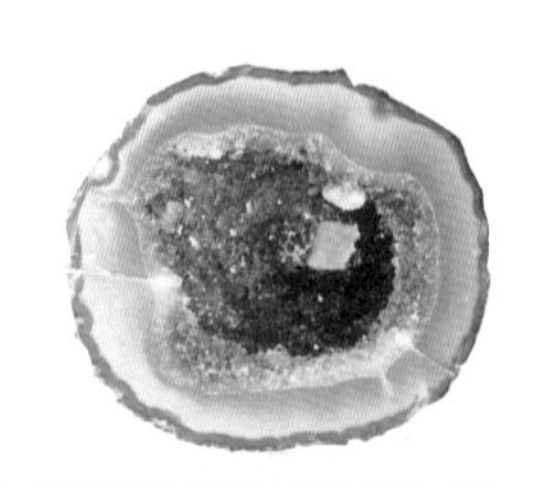

发现之旅：地质与地理（科学篇）
新光传媒 编译

出版发行：石油工业出版社
（北京安定门外安华里2区1号楼 100011）
网 址：www.petropub.com
编 辑 部：（010）64523783
图书营销中心：（010）64523633
经 销：全国新华书店
印 刷：北京中石油彩色印刷有限责任公司
2020年3月第1版 2020年10月第2次印刷
889×1194毫米 开本：1/16 印张：8.75
字 数：110千字
定 价：36.80元
（如出现印装质量问题，我社图书营销中心负责调换）

编辑说明

“发现之旅”系列图书是我社从英国 Eaglemoss（艺格莫斯）出版公司引进的一套风靡全球的家庭趣味图解百科读物，由新光传媒编译。这套图书图片丰富、文字简洁、设计独特，适合 8 ~ 14 岁读者阅读，也适合家庭亲子阅读和分享。

英国 Eaglemoss 出版公司是全球非常重要的分辑读物出版公司之一。目前，它在全球 35 个国家和地区出版、发行分辑读物。新光传媒作为中国出版市场积极的探索者和实践者，通过十余年的努力，成为“分辑读物”这一特殊出版门类在中国非常早、非常成功的实践者，并与全球非常强势的分辑读物出版公司 DeAgostini（迪亚哥）、Hachette（阿谢特）、Eaglemoss 等形成战略合作，在分辑读物的引进和转化、数字媒体的编辑和制作、出版衍生品的集成和销售等方面，进行了大量的摸索和创新。

《发现之旅》（*FIND OUT MORE*）分辑读物以“牛津少年儿童百科”为基准，增加大量的图片和趣味知识，是欧美孩子必选科普书，每 5 年更新一次，内含近 10000 幅图片，欧美销售 30 年。

“发现之旅”系列图书是新光传媒对 Eaglemoss 最重要的分辑读物 *FIND OUT MORE* 进行分类整理、重新编排体例形成的一套青少年百科读物，涉及科学技术、应用等的历史更迭等诸多内容。全书约 450 万字，超过 5000 页，以历史篇、文学·艺术篇、人文·地理篇、现代技术篇、动植物篇、科学篇、人体篇等七大板块，向读者展示了丰富多彩的自然、社会、艺术世界，同时介绍了大量贴近现实生活的科普知识。

发现之旅（历史篇）： 共 8 册，包括《发现之旅：世界古代简史》《发现之旅：世界中世纪简史》《发现之旅：世界近代简史》《发现之旅：世界现代简史》《发现之旅：世界科技简史》《发现之旅：中国古代经济与文化发展简史》《发现之旅：中国古代科技与建筑简史》《发现之旅：中国简史》，主要介绍从古至今那些令人着迷的人物和事件。

发现之旅（文学・艺术篇）：共 5 册，包括《发现之旅：电影与表演艺术》《发现之旅：音乐与舞蹈》《发现之旅：风俗与文物》《发现之旅：艺术》《发现之旅：语言与文学》，主要介绍全世界多种多样的文学、美术、音乐、影视、戏剧等艺术作品及其历史等，为读者提供了了解多种文化的机会。

发现之旅（人文・地理篇）：共 7 册，包括《发现之旅：西欧和南欧》《发现之旅：北欧、东欧和中欧》《发现之旅：北美洲与南极洲》《发现之旅：南美洲与大洋洲》《发现之旅：东亚和东南亚》《发现之旅：南亚、中亚和西亚》《发现之旅：非洲》，通过地图、照片和事实档案等，逐一介绍各个国家和地区，让读者了解它们的地理位置、风土人情、文化特色等。

发现之旅（现代技术篇）：共 4 册，包括《发现之旅：电子设备与建筑工程》《发现之旅：复杂的机械》《发现之旅：交通工具》《发现之旅：军事装备与计算机》，主要解答关于现代技术的有趣问题，比如机械、建筑设备、计算机技术、军事技术等。

发现之旅（动植物篇）：共 11 册，包括《发现之旅：哺乳动物》《发现之旅：动物的多样性》《发现之旅：不同环境中的野生动植物》《发现之旅：动物的行为》《发现之旅：动物的身体》《发现之旅：植物的多样性》《发现之旅：生物的进化》等，主要介绍世界上各种各样的生物，告诉我们地球上不同物种的生存与繁殖特性等。

发现之旅（科学篇）：共 6 册，包括《发现之旅：地质与地理》《发现之旅：天文学》《发现之旅：化学变变变》《发现之旅：原料与材料》《发现之旅：物理的世界》《发现之旅：自然与环境》，主要介绍物理学、化学、地质学等的规律及应用。

发现之旅（人体篇）：共 4 册，包括《发现之旅：我们的健康》《发现之旅：人体的结构与功能》《发现之旅：体育与竞技》《发现之旅：休闲与运动》，主要介绍人的身体结构与功能、健康以及与人体有关的体育、竞技、休闲运动等。

“发现之旅”系列并不是一套工具书，而是孩子们的课外读物，其知识体系有很强的科学性和趣味性。孩子们可根据自己的兴趣选读某一类别，进行连续性阅读和扩展性阅读，伴随着孩子们日常生活中的兴趣点变化，很容易就能把整套书读完。

目录 CONTENTS

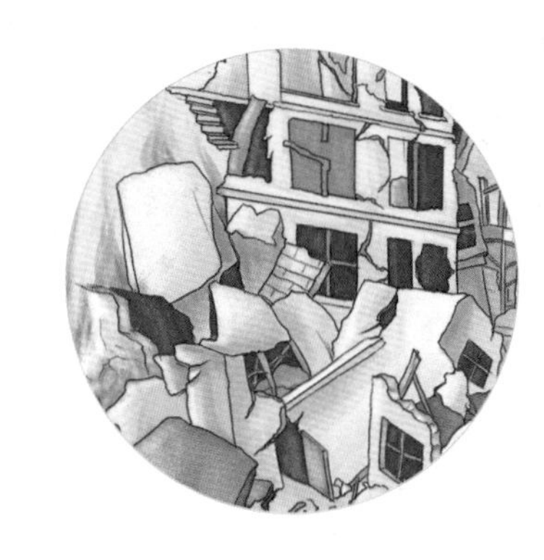

地球的构造

地球——我们的行星，表面覆盖着土壤、岩石和水。它看起来是固体，但其表面只是一层薄薄的硬壳，这层硬壳漂浮在翻腾着的、火红炽热的熔岩和熔融的金属上。

地质学家认为，地球主要由三层构成——地壳、地幔和地核。

右页有一张简图，从上面可以看出这些地层互相融合，不能明确地区分。地质学家把这些地层划分成更小的亚层。比如，他们认为地核的中心是固态的，外面包裹着液体的亚层。

要了解地球内部的结构很困难，因为我们不可能看到地球内部的状况。地质学家的理论建立在对多种事物研究的基础上——岩石、钻井、火山、地心引力、地磁和地震引起的震动（地震波）等。

事实档案

地球表面的面积
5.1 亿平方千米
陆地面积
1.49 亿平方千米
海洋面积
3.61 亿平方千米
地球的体积
10832.1 亿立方千米
地球的质量
597420 亿亿吨
地球的直径
12745.6 千米
最高的陆地高度
8844.43 米（珠穆朗玛峰）
最深的海洋深度
11034 米（马里亚纳海沟）
地心温度
约 4500℃
地心压力
350 万个大气压

地壳

地壳是地球的外层——我们看得到的部分。通过开矿和洞穴探险，我们知道，进入地壳越深温度就越高。

地壳平均厚度大概有 30 千米，由岩石构成。听起来好像很厚，但赤道到地心的距离却有 6348 千米那么深。相比起来，地壳只不过是层薄片。有些地方的地壳比别的地方更薄。在海洋（洋底壳）下面，地壳只有 4.5 千米厚。而在大陆块（陆壳），地壳有 70 千米厚。

地壳并不是结结实实的一大块，而是由几个巨大的漂浮块——板块组成。这些板块紧贴在地幔上层，在下面的熔岩上漂浮。板块的碰撞或断裂会引发地震，地震波会向地表周围和地层内部扩散传播。

地球剖面图

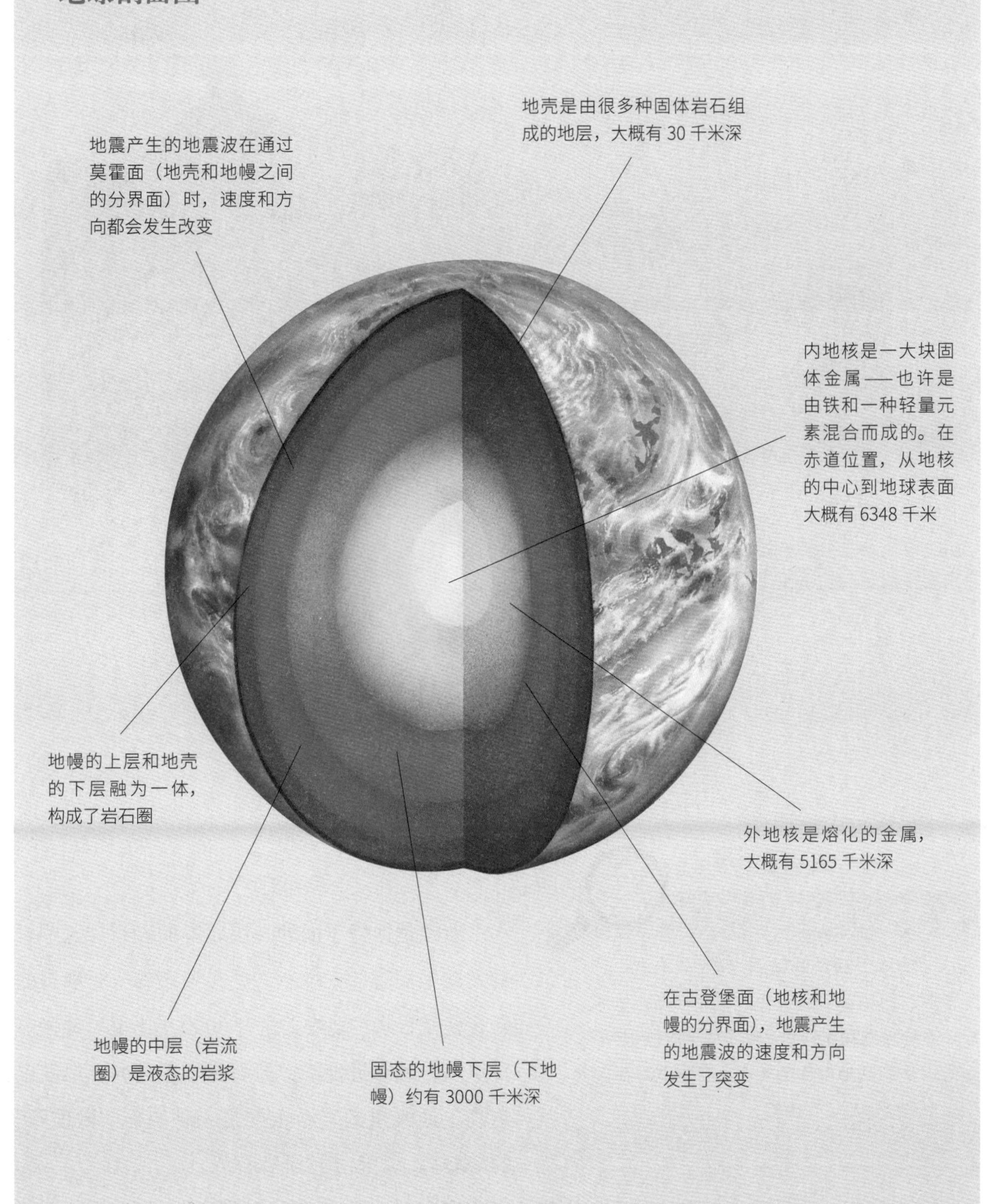
地壳是由很多种固体岩石组成的地层，大概有 30 千米深
地震产生的地震波在通过莫霍面（地壳和地幔之间的分界面）时，速度和方向都会发生改变
内地核是一大块固体金属——也许是由铁和一种轻量元素混合而成的。在赤道位置，从地核的中心到地球表面大概有 6348 千米
地幔的上层和地壳的下层融为一体，构成了岩石圈
外地核是熔化的金属，大概有 5165 千米深
在古登堡面（地核和地幔的分界面），地震产生的地震波的速度和方向发生了突变
地幔的中层（岩流圈）是液态的岩浆
固态的地幔下层（下地幔）约有 3000 千米深

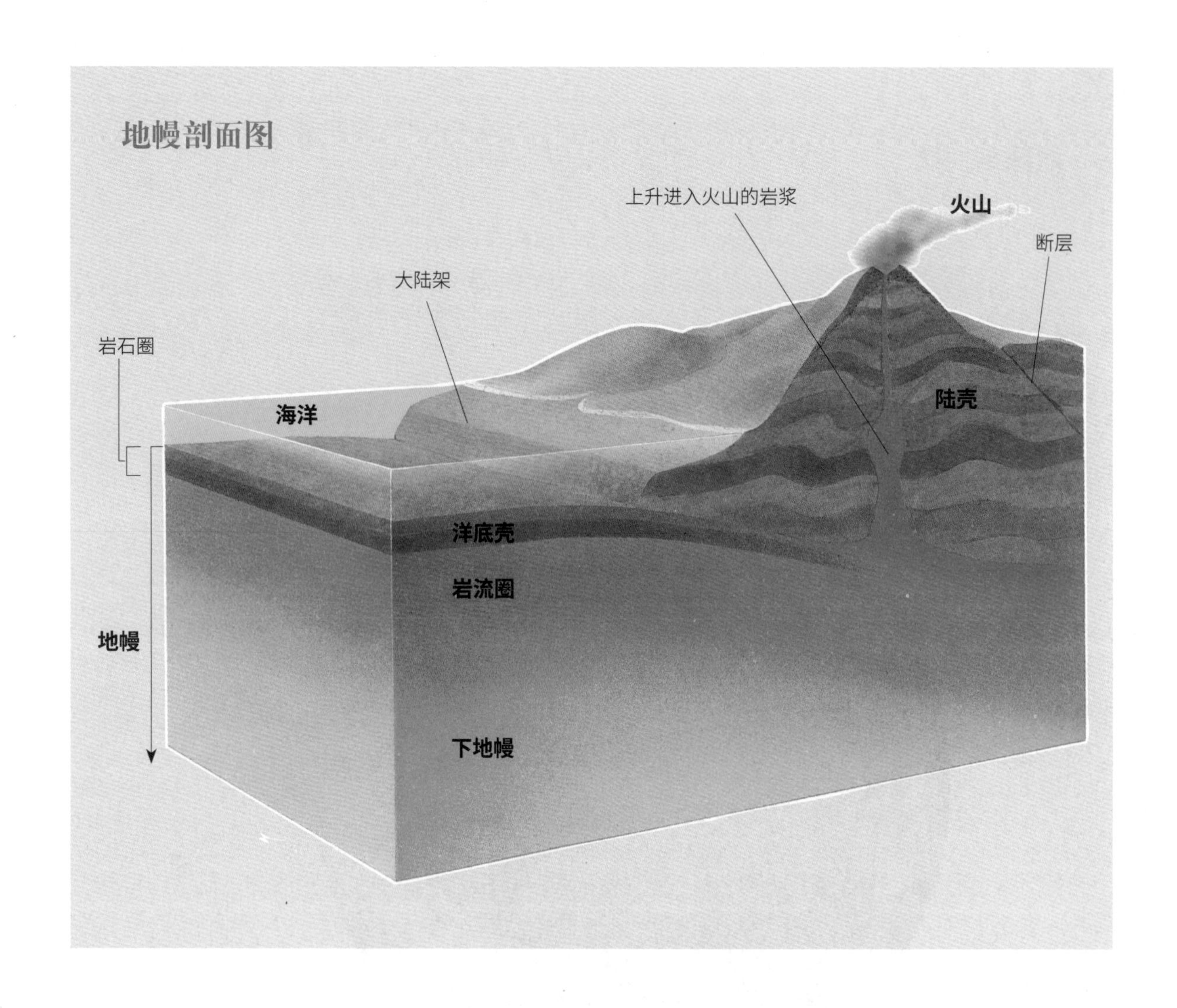

大开眼界

世界最深的钻洞

地球上最深的钻洞只有 12 千米。这个洞在西伯利亚北极圈的科拉半岛，是为一次地质勘探而钻的。原定的深度是 15 千米—小于陆地地壳的一半，可钻洞尽头的温度已经达到了 210℃。

地幔

地幔是地壳下面的一层厚厚的岩石。这些岩石大多是固态的，也有一些是液态的——液态的岩石就是岩浆。地幔大概有 3000 千米厚。地幔非常炽热，越靠近地心，岩石密度就越大，温度也越高。地幔里的岩石主要是一种叫作“橄榄石”的硅酸盐，类似于沙子和石英。

科学家们认为岩浆在缓慢地翻滚，灼热的岩浆流逐渐地涌流到地幔的顶层，经历了数百万年，又冷却并再次下沉。

在世界的很多地方，滚烫的岩浆会渗出或喷出地面，这些地方就是火山。火山的发生是因为地壳板块的碰撞或撕裂，封裹着地幔的固体岩石地壳被融化或破坏了。

科学家们把地幔划分为不同的亚层，地壳和地幔之间的分界处叫莫霍面（Mohorovicic discontinuity，简称为“Moho”）；岩石圈是由地壳的下层和地幔的上层组成的；岩石圈下面的岩流圈是液态岩浆——火山喷发的岩浆就来自这里；固态的下地幔位于地幔的下层部分。

地核

地核在地幔的下面，从分界线到地心大概有 3500 千米，科学家们把地核分为两层——外地核和内地核。

外地核是液态（熔融）的金属，内地核是固态的金属——大概主要是铁，混合着一种轻量元素，比如镍。地球的磁场可能就是由外地核中的电流产生的。据估计，地核的最高温有 4500℃，但内地核仍然不会熔化，这是因为地球中心的压力无比巨大。

地核和地幔的分界线叫作“古登堡面”（Gutenberg discontinuity）。

地球的年龄

自从46亿年前，地球从一个爆炸星体的残骸形成以来，就一直在不断地变化。陆地、海洋、山脉循环不断地产生和消亡。科学家们可以通过遗留在地表岩石中的地质记录来推断这些变化。

200年前，许多人认为地球的年龄只不过几千岁而已。但是在19世纪40年代，地质学家们认识到，地球表面岩石和地貌的多样性一定是经过了数百万年的进化才形成的。现在的科学家们可以通过测定古老岩石的放射性能来推断地球的年龄。由于地球经历的变化实在太大，所以地球上并没有足够古老的岩石可以用来测定地球的年龄。不过月球和陨星差不多是与地球同时形成的。通过对月球岩石和陨星岩石的放射性能测定，科学家们推导出地球的年龄大约有46亿岁。

在天体增长（天体的引力吸引了星际间的物质，从而引起天体的增大）的过程中，围绕太阳高速运转的一些星体的残骸碎块彼此不断碰撞，地球便慢慢地成形了。更多的被称为星子的碎块，猛烈撞击这颗行星，它们给地球增加了一些新的物质，包括能变成水的冰——这是生命的重要物质。

▶ 在美国亚利桑那州450千米长的大峡谷中，最古老的岩石距今已有20亿年了。科罗拉多河（美国西南部一条河流）大约在1000万年前就开始侵蚀它们了。

来自外界碰撞的作用力，使地球变成了一个熔融状的岩石球。它的核心物质被粉碎，并爆发了核反应，使温度变得更高。这个原始的地球是如此炽热，以至于它在最初的几十万年里，被称为冥古宙（Hadean Eon，这个词汇源自古希腊语，是地狱的意思）。

太古宙

太古宙（Archean Eon）从43亿年前持续到25亿年前。在这段时期里，地球开始冷却。像铁这样的重化学元素下沉到了地球那又红又热的内核中。像氧和硅这样的轻元素上浮，在地球表面形成了坚硬的外壳。在很长一段时间里，地球表面像堆满了泡沫。火山不断喷发，地球被一层令人窒息的大气包围着，在这层大气中，有氨气、甲烷，以及其他一些气体。

▲ 在南极洲，一位科学家正在钻取冰心。冰心中的元素可以提供关于地球气候变化的信息。

地球的历史

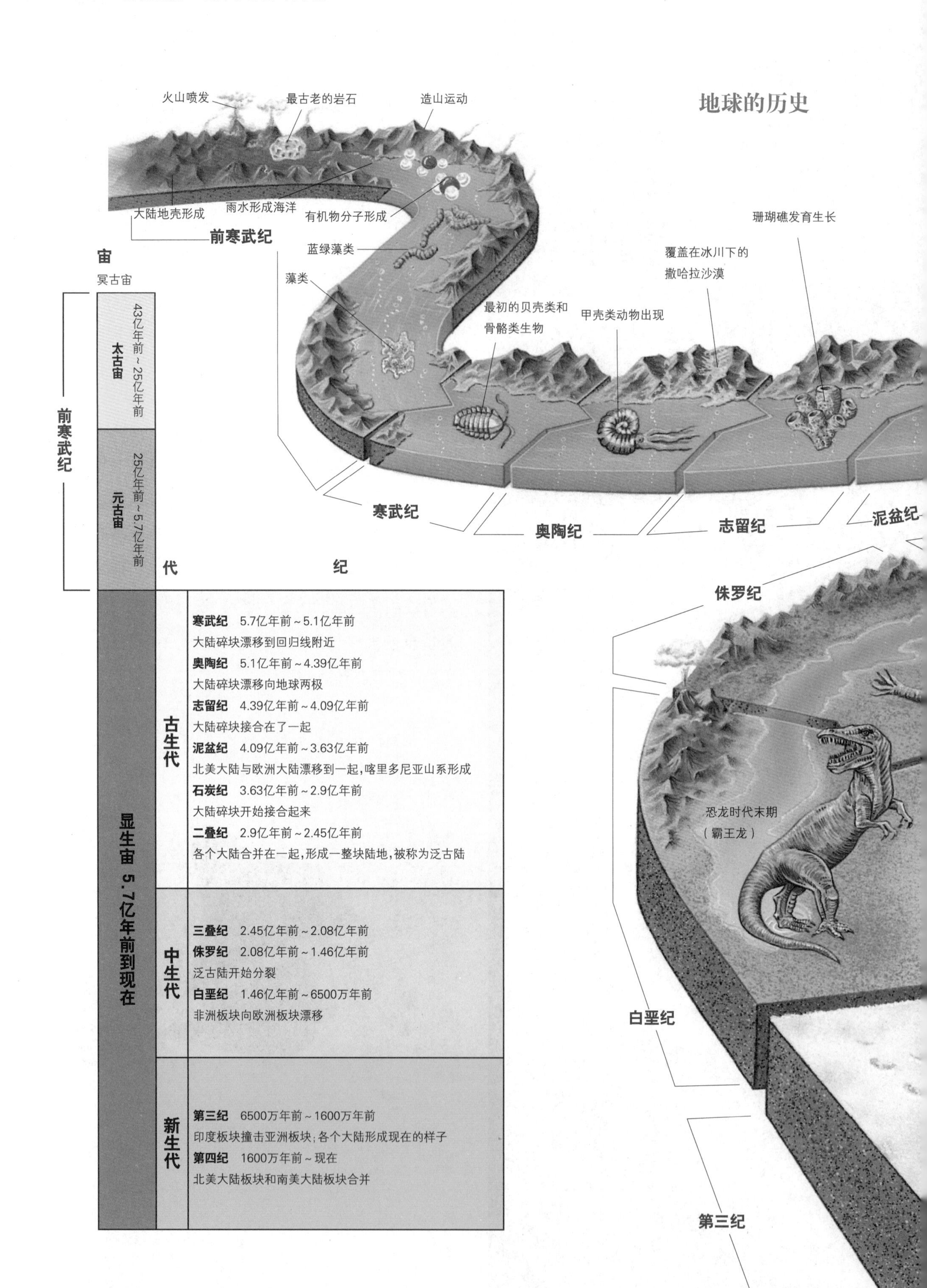

宙	代	纪
冥古宙		
前寒武纪：太古宙 43亿年前～25亿年前		
前寒武纪：元古宙 25亿年前～5.7亿年前		
显生宙 5.7亿年前到现在	古生代	**寒武纪** 5.7亿年前～5.1亿年前 大陆碎块漂移到回归线附近 **奥陶纪** 5.1亿年前～4.39亿年前 大陆碎块漂移向地球两极 **志留纪** 4.39亿年前～4.09亿年前 大陆碎块接合在了一起 **泥盆纪** 4.09亿年前～3.63亿年前 北美大陆与欧洲大陆漂移到一起，喀里多尼亚山系形成 **石炭纪** 3.63亿年前～2.9亿年前 大陆碎块开始接合起来 **二叠纪** 2.9亿年前～2.45亿年前 各个大陆合并在一起，形成一整块陆地，被称为泛古陆
	中生代	**三叠纪** 2.45亿年前～2.08亿年前 **侏罗纪** 2.08亿年前～1.46亿年前 泛古陆开始分裂 **白垩纪** 1.46亿年前～6500万年前 非洲板块向欧洲板块漂移
	新生代	**第三纪** 6500万年前～1600万年前 印度板块撞击亚洲板块；各个大陆形成现在的样子 **第四纪** 1600万年前～现在 北美大陆板块和南美大陆板块合并

一堆菊石（鹦鹉螺化石）

大开眼界

最古老的岩石

地球上最古老的岩石是在北极圈被发现的。在格陵兰岛上，有一块地区覆盖着火山灰，在火山灰中有很多的小鹅卵石，这些鹅卵石被称为伊苏阿云母石，它们距今大约已有 38 亿年了。不过，在加拿大的西北地区，那儿有更古老的变质岩（它们是由于地球内部的热量和压力作用形成的），它们被称为阿卡斯塔片麻岩。在这种片麻岩中含有锆石晶体，利用锆石晶体中的铀 235 同位素，通过放射性测年法，证明这些岩石距今大约已有 39.6 亿年了。

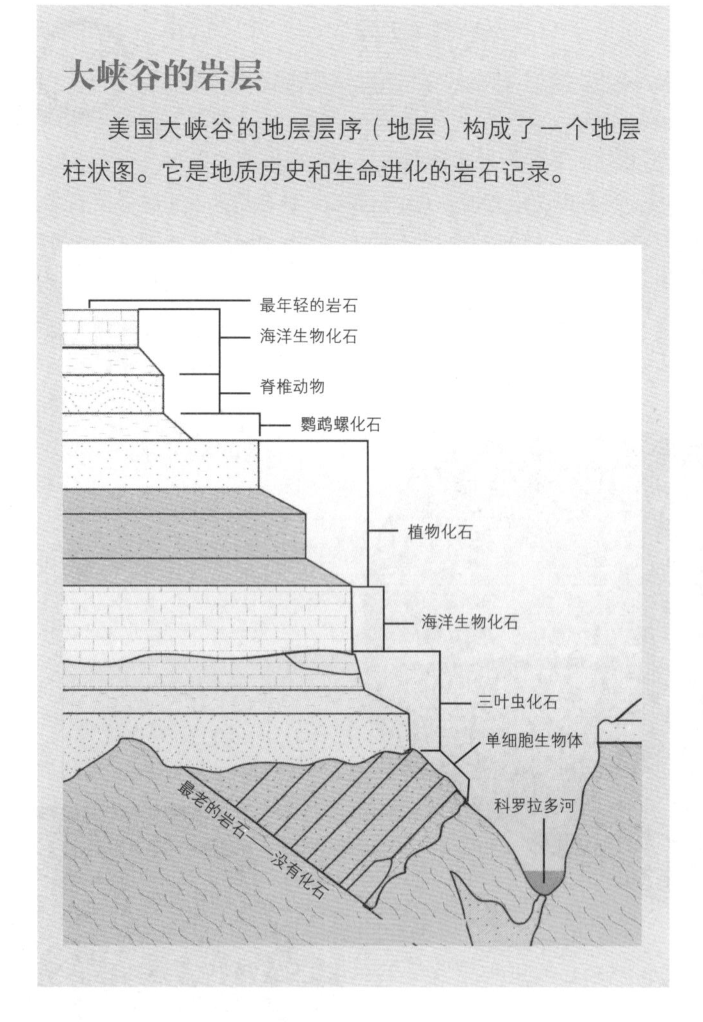

▲ 放射性同位素钾会以一种固定的速率衰变成为氩元素。通过测量岩石中钾元素同位素的含量，科学家可以推断出岩石的年龄。这种技术被称为钾-氩同位素测年法。

最后，来自地球内部的各种气体，以及大量的水蒸气，又进入了这层大气。然后，大约在39亿年前，地球上开始下雨。地球表面的大部分地区，都淹没在了雨水之中，海洋就这么形成了。当天空晴朗后，阳光开始分解氨气和甲烷，其中的氢气向上漂浮进了太空，留下了二氧化碳和氮气。

快到太古宙末期时，也就是大约在30亿年前和25亿年前的这段时期，地球的外壳开始凝固。在这个时期形成的一些地壳保留了下来，它们被称为克拉通（稳定地块）——正是它们组成了地球大陆古老的岩石核心。

元古宙

从25亿年前到5.7亿年前是元古宙（Proterozoic Eon）。在大约40亿年前的太古宙，最早的生命就以单细胞生物的形式出现了。在元古宙初期，藻类植物将陆地上棕褐色的岩石染成了绿色，海洋中出现了大量菌类和浮游生物。藻类植物和其他植物吸收阳光，通过光合作用，把氧气释放到空气中。在富含氧气的大气里，更多的生命形式出现了。

元古宙末期，各大陆形成，但它们挤在一起，使岩石发生变形。岩层边缘相扣形成山脉。这是第一个冰河时代（冰川期）。

显生宙

约 7 亿年到 6 亿年前，统治了地球 30 亿年的微小的单细胞生物被更复杂的生命形式参与进来了。约 5.7 亿年前，海洋里开始有了长着坚硬外壳和骨骼的生物个体，这段时期被称为寒武纪，它标志着显生宙的开始。

寒武纪之前的历史——前寒武纪，至今仍是神秘的！但是在海底，贝壳和各种生物的骨骼以化石的形式保留了下来。它们不但为我们提供了关于生命进化的记录，而且还告诉我们，在贝壳和生物骨骼沉落到海底的那段时期，地球看上去是什么样子。这些化石告诉我们，大约在 2.5 亿年前，各个大陆是连在一起的，被称为泛古陆。围绕大陆的是一整片的海洋，被称为泛古洋。这些化石还告诉我们，泛古陆如何分裂并形成今天的各个大陆。

你知道吗？

放射性元素

从岩石形成的那一刻起，一些被称为放射性同位素的原子就开始分裂了。这个过程叫作放射性衰变。由于衰变是按一定的速率发生的，所以科学家可以通过岩石中完整保留的同位素，来推测岩石是何时形成的。这种方法称为放射性测年法。

在曾经存在的物质中，碳同位素是被测定了的。但是大多数岩石都太古老了，不可能含有有机物。最古老的岩石是用铀 235 同位素测定的，这种同位素衰变成铅元素。对年代近一些的岩石，科学家用铷同位素来测定，铷衰变成为锶元素；在最近的时期里形成的岩石，科学家用钾同位素来测定，钾同位素会衰变成氩元素。

冰河时代

温度在0℃以下，厚厚的冰层覆盖着整个世界。气候极其恶劣，刺骨的冰雪铺天盖地，狂风呼啸。这就是人们想象中的冰河时代的画面。但是实际上，冰河时代远比人们想象中的复杂。

气候有时会变冷，科学家们也不太清楚这其中的确切原因。北极和南极的冰盖不断向外扩张，覆盖在地表上的面积越来越大，而冰川也在扩张，向低处不断蔓延。这样的时期被人们称为冰河时期。

▼ 当沉重的冰川频繁地流经坚硬的裸露岩石时，就会在上面留下清晰的擦痕（条痕），直到今天，这些条痕依然清晰可见。图中显示的是马来西亚的基纳巴卢山上的岩石条痕。

▲ 图中是位于北威尔士的U形山谷，它就是在冰川沿着陆地运动时切割而成的。

历史上的冰河时期

在地球的历史上，出现过几次大的冰河时期。距今最久远的冰期要追溯到前寒武纪时期（距今5.7亿年前），由于年代太久远，今天，在岩石中很难再找到相关的证据。我们了解最多的冰河时期大约开始于160万年前，直到大约1万年前才结束。科学家们称这一时期为第四纪的更新世。

当这个冰河时期处于顶峰时，北极冰盖（现在覆盖着北冰洋和格陵兰岛的陆地部分的巨大冰层）向南蔓延到了北美洲的五大湖区，以及欧洲的伦敦和阿姆斯特丹（荷兰首都）。在南半球，南极冰盖比今天的要大得多，从安第斯山脉蔓延下来的冰体覆盖了阿根廷（南美洲国家）的大部分地区。

冰的形成

在一般情况下，冬天下的雪到了春天就会融化。但是，在非常寒冷的时候，到了第二年冬季再次下雪时，上一年的雪都还没有消融。因此，年复一年，降雪不断堆积，由于上层积雪的重量不断增加，下面的积雪就会被压缩，变成冰。当冰层进一步被压缩，冰体并不会变得坚不可摧，相反，冰层开始变成水泥状的物质，非常容易“流淌”。直至今日，北极冰盖仍然会在新增降雪的重压

▲ 在更新世冰河时期（这一时期在大约1万年前才结束），冰川运动在挪威和阿拉斯加蚀刻出了一些峡湾。图中是挪威的峡湾。

▲ 由沉积物构成的椭圆形山丘（称为鼓丘）是运动的冰层曾经路过此地的证据。山丘较窄的一端所指的方向是冰层流动的方向。图中的鼓丘位于北威尔士。

大开眼界

小冰期

在距今并不久远的历史上，也曾经出现过气候骤然变冷的时期，每个时期只持续了数百年左右，我们通常称之为“小冰期”。其中一次是在 13 世纪到 17 世纪之间，那时候，英国的泰晤士河每年冬天都会结冰，人们甚至把集市设在冰上。

下，不断向外延伸。随着冰盖向外扩张，冰盖边缘开始融化。但是在非常寒冷的时期，冰盖向外延伸的速度要快于边缘融化的速度，从而导致了冰河时期的到来。

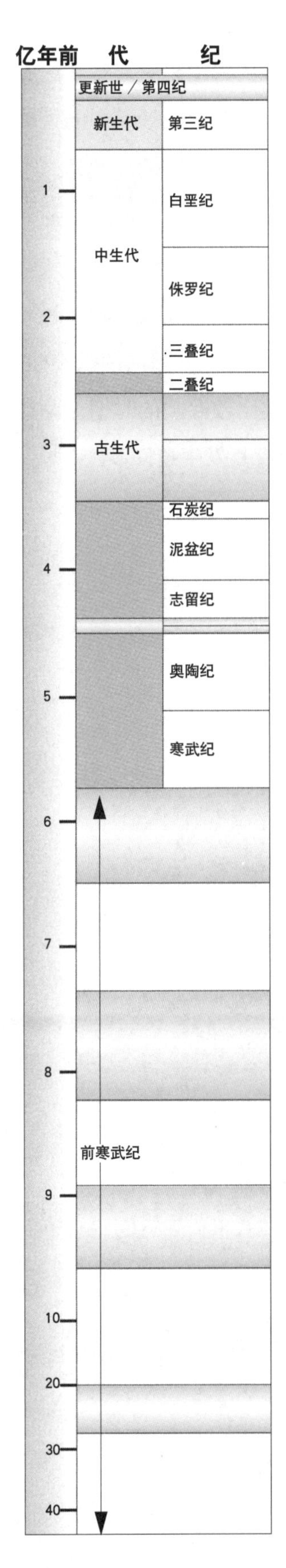

过去和现在

现在，冰盖大约覆盖着地球上 10% 的陆地。但是在更新世冰河时期，冰盖大约覆盖着 30% 的陆地——面积达 4400 万平方千米。而且从北极蔓延过来的冰要远远多于从南极蔓延过来的冰，因为在那个时候，南极附近几乎没有陆地，多余的冰体只能漂浮在海面上。在北半球，冰层则延伸到了北美洲、西伯利亚，以及斯堪的纳维亚半岛。

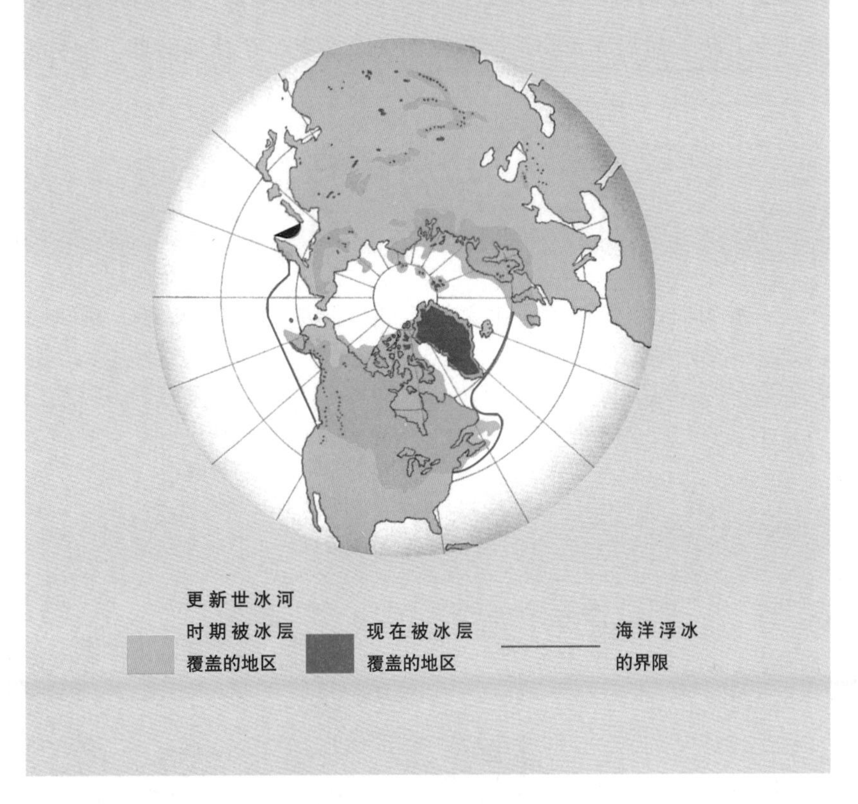

变化的气候

在冰河时期，不仅两极附近的地区会受到影响，世界上其他地区也会受到影响。今天，在地球上比较温暖的地区有热带雨林带、热带草原带，以及热带荒漠带。这些地带在冰河时期同样存在，但

◀ 在这份地质年表上，蓝色区域表示地球上每一次主要冰期发生在多少亿年前。最近的冰期发生在更新世，更新世属于新生代第四纪的一段时期。

是由于极地的寒冷气候不断向外扩张，导致这些地带在冰河时期被推移到赤道附近。现在的撒哈拉沙漠在那时正处于多雨的气候环境中。科学家们知道这一点是因为在撒哈拉沙漠中的一些干旱的峡谷里，仍然生长着古老的树木，它们是在气候比较湿润的时候生根发芽的。此外，古老的岩画也告诉我们，在目前只有岩石沙砾的地方，从前曾经生活着草原动物。冰河时期的另一个影响是，大量的海水结冰，导致世界上的海平面比现在低几十米。

不过，冰河时期的环境并非永远如此。当冰盖扩张到最远的边界时，一个气候比较温暖的时期就会随之而来。然后，冰盖就会向极地方向逐渐消融，同时，亚热带环境开始向两极推移，泰晤士河里开始有河马和鳄鱼出没。这样的间冰期（两个冰期之间气候比较温暖的时期）要持续几十万年，然后冰盖会再次蔓延回来。在上一个冰河时期，这种情况反复发生过许多次。

变化的景观

冰河时代的冰期和间冰期会在同一地区造成不同的地貌特征，同时也影响着植物和动物的种类。

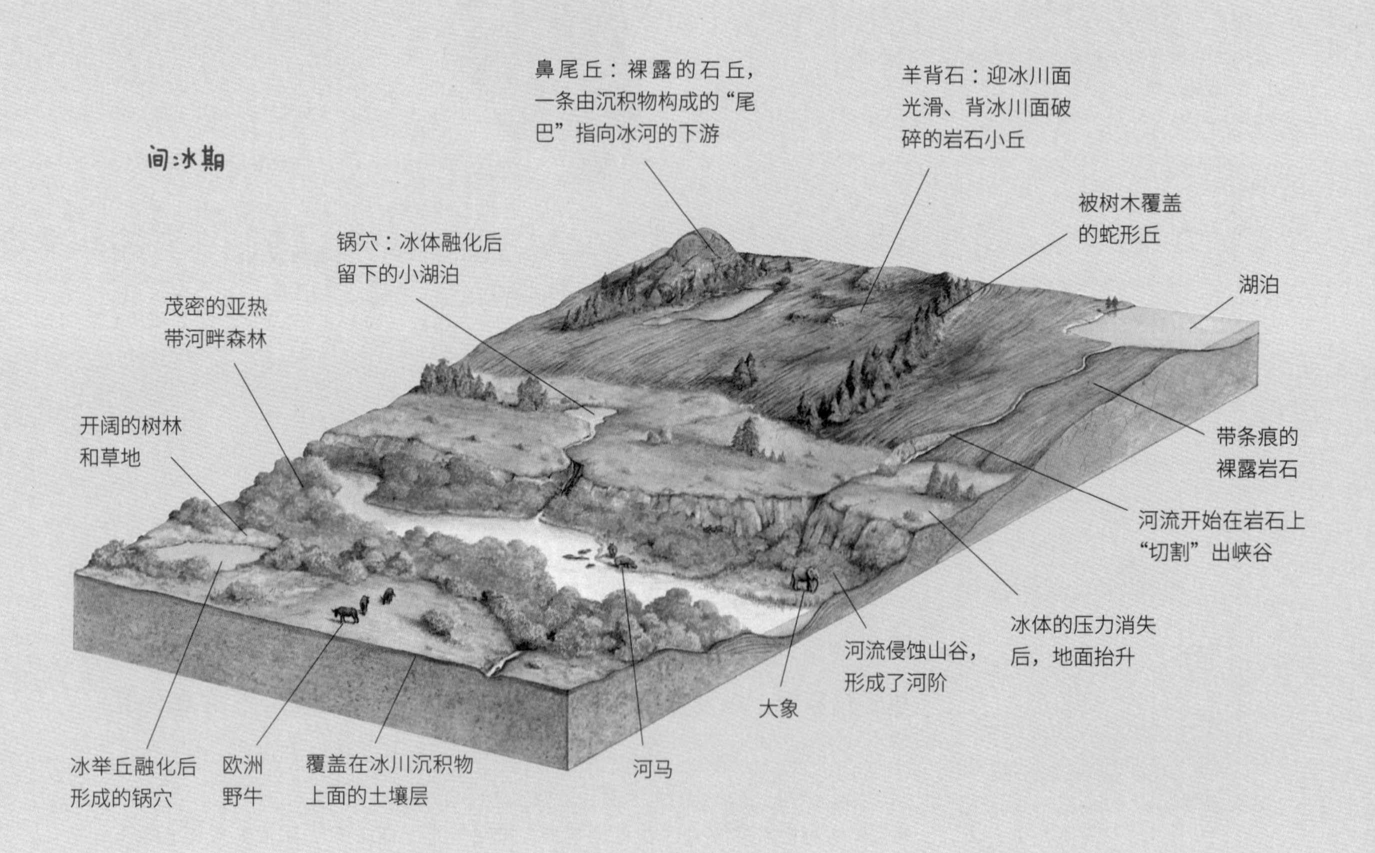

在陆地上，科学家们至少已经发现了冰河 4 次推进的证据。但是在研究不同地层的海洋沉积物时，他们找到了冰盖至少扩张了 20 次的证据。

证据的调查

科学家们是如何发现这些证据的？主要原因是：由于冰盖非常沉重，所以当它们沿着大陆运动时，就会不断刮擦岩石，在陆地上挤出深谷，留下巨大的凹陷。冰盖携带着这些挤碎的岩石碎块向前推移，当冰层融化时，这些岩石碎块就会堆积下来。

这种作用的影响力非常巨大，如今的北欧和北美洲北部的地质地貌，就是由冰盖运动塑造

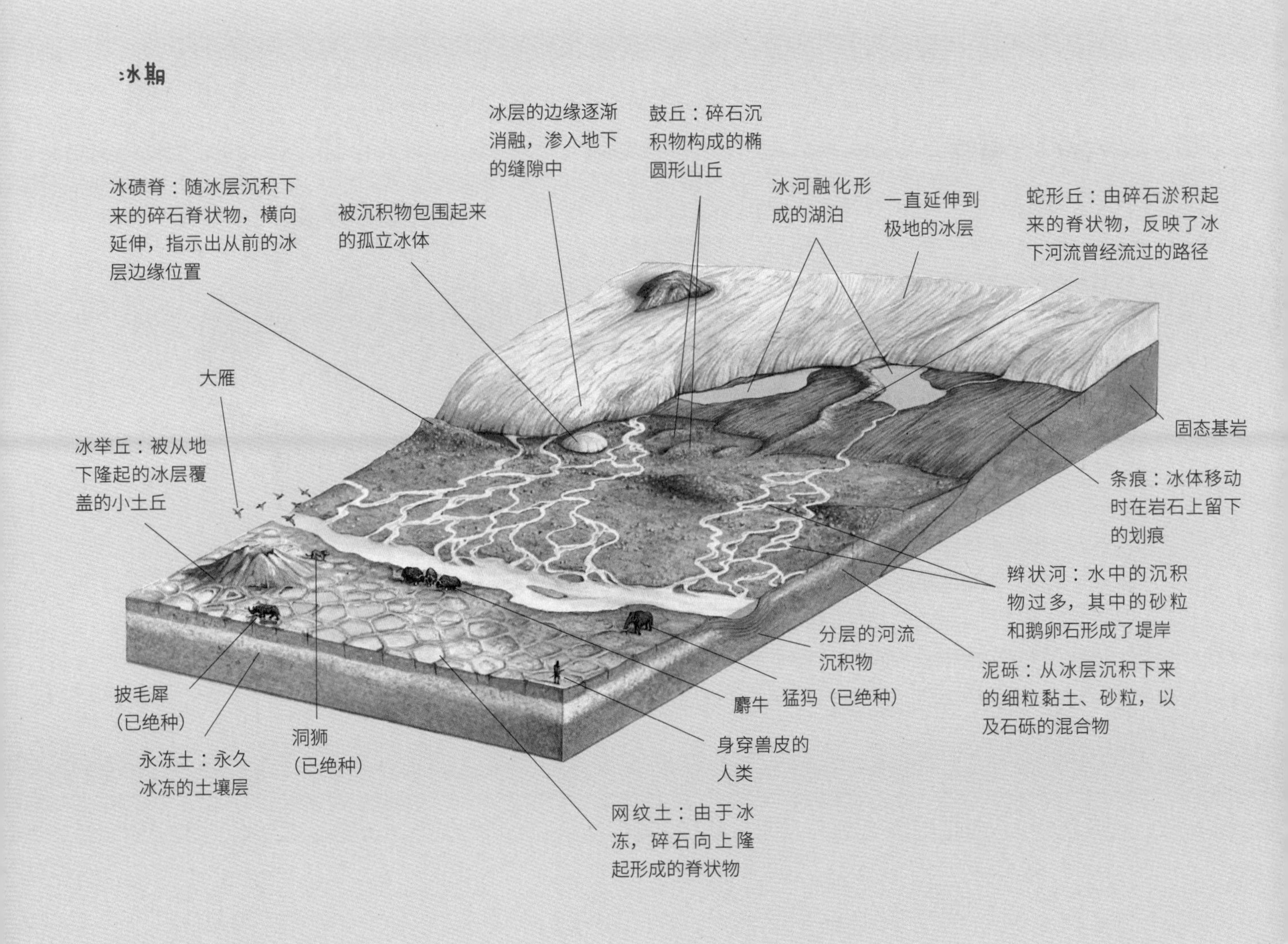

出来的。今天，许多美丽的地质景观，例如美国加利福尼亚的约塞米蒂峡谷，以及挪威的一些峡湾，都是在上一个冰河时期形成的。甚至连北美洲五大湖这样壮丽的自然景观，都是由于冰盖运动留下的凹陷被冰盖融化成的水填满而形成的。

冰期可以预报吗

冰期会再次发生吗？科学家们一直在探索这个问题。我们现在正处于一个温暖的间冰期，几千年后，冰盖很有可能会再次向外扩张。

但是也有一些科学家持反对意见。温室效应（由大气污染引起的气候变暖）或许可以阻止冰期的到来。此外，北大西洋正在逐渐变宽，赤道附近的海水会使北极圈附近冰冻的海水变暖，从而阻止冰层进一步蔓延。

你知道吗？

石炭 - 二叠纪

南美洲、非洲南部、印度和澳大利亚的岩石都显示了在大约 3 亿年前，这些地方曾经被冰层覆盖。在这些地区，科学家们还发现了来自同一时代的冰川沉积物，当然，它们如今都已经变成了坚固的岩石。这些证据表明，在石炭纪末期和二叠纪初期，曾经出现过一个冰河时期。

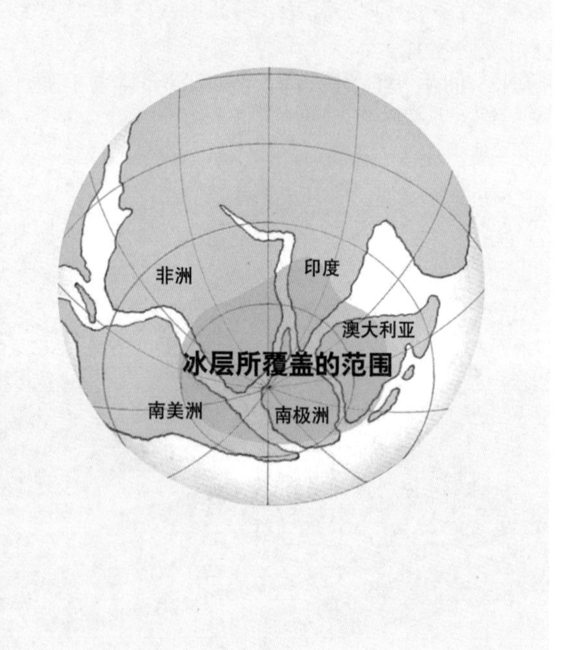

现在，这些地区相当分散，所以科学家们推断，在石炭 - 二叠纪冰河时期，冰层大约覆盖了地球表面三分之一的面积。在那个时期，各个大陆还是一个整体，位于南半球，冰川在它们的岩石上留下了痕迹。从那以后，板块漂移使这个完整的板块分成了几个不同的大陆，然后各个大陆分别运动到今天所处的位置。

岩石

岩石和矿物是地球表面最基本的物质，它们组成了山脉与河谷、峻岭和平原。在它们的表面，通常覆盖着土壤、植被、水域，但是固体基岩往往与地表近在咫尺。

各种岩石的质地结构、形状、颜色千变万化，但是它们通常都非常坚硬。它们一旦形成，就能长久存在。新的岩石不断形成，但是大多数岩石都至少已有数百万年的历史。有的岩石大约是在 40 亿年前形成的，当时，地球还非常年轻。

大多数岩石都是由地球内部炽热的熔融岩浆形成的。当熔融岩浆到达地表时，它们会慢慢冷却形成火成岩（意思是由火而产生的）。火成岩经过外界环境的风吹日晒，不断被剥蚀成岩石碎片，而后被冲进大海。这些岩石碎片在海底沉积下来，然后被深深埋藏，从而形成沉积岩层。当地壳不断运动时，这些沉积岩层就会被推到海平面上，它们也会不断遭受剥蚀，形成新的沉积

▲ 砂岩是由不同沙粒层层堆积形成的一种沉积岩。在澳大利亚西部的卡尔巴尼国家公园，我们能看到这种五彩斑斓的沉积岩层。

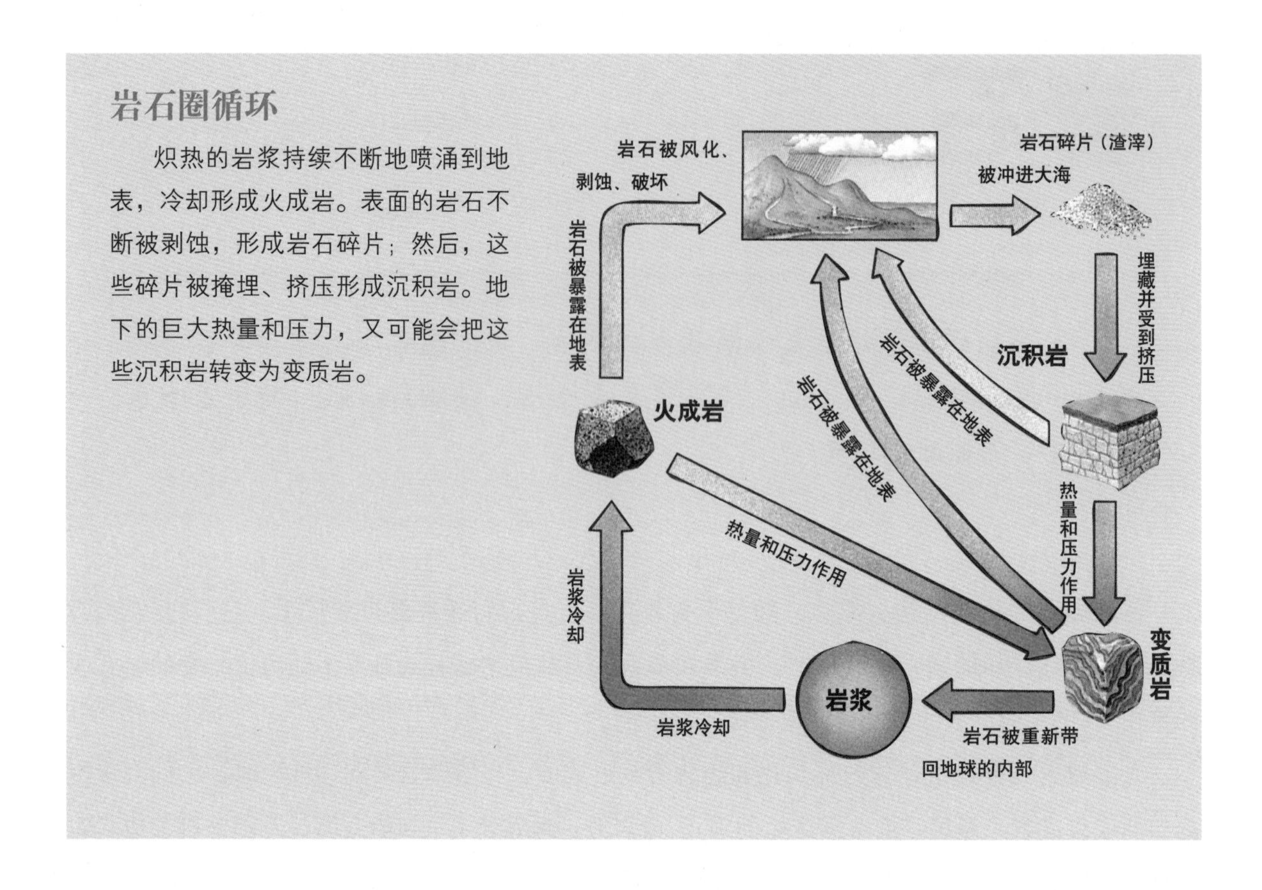

岩。或者，这些沉积岩层会在巨大的热量和压力作用下，转变为变质岩。反过来，变质岩石也会遭受剥蚀，最终又形成新的沉积岩。岩石的这种持续不断的再生和破坏过程，被称为岩石圈循环。

火成岩

大约 90% 的地壳都是由火成岩构成的。一些火成岩是由经过火山通道喷出来的炽热的熔岩流形成的，被称为喷出的火成岩（喷出岩）；另一些是由侵入地表下的岩层的岩浆形成的，被称为侵入火成岩（侵入岩）。

熔融的岩浆在向地表运移的过程中会出奇地热，但是它会很快冷却下来。当岩浆冷却时，会开始出现很多小晶体。岩浆冷却得越多，晶体的生长也就越多。最后，所有的岩浆就变成了大块的、呈晶体状的坚硬岩石。

岩浆可以形成 600 多种不同类型的火成岩，每一种都有自己的晶形或粒度级别，以及矿物组成。火成岩的形成类型取决于岩浆的冷却快慢、岩浆的酸性及黏稠度。组成地球表面的巨大板块彼此分开，在板块分裂处，岩浆可以自由流到地表，而此处的岩浆倾向于呈基性（非酸性），且易于流动。在板块合并之处，岩浆被挤压到地表，此时的岩浆倾向于呈酸性，且比较黏稠。

火成岩

当岩浆冷却时，形成火成岩。岩浆变成熔岩流，喷涌到地球表面，冷却后形成喷出火成岩（也叫喷出岩）；岩浆侵入地下岩层，形成侵入火成岩（也叫侵入岩）。

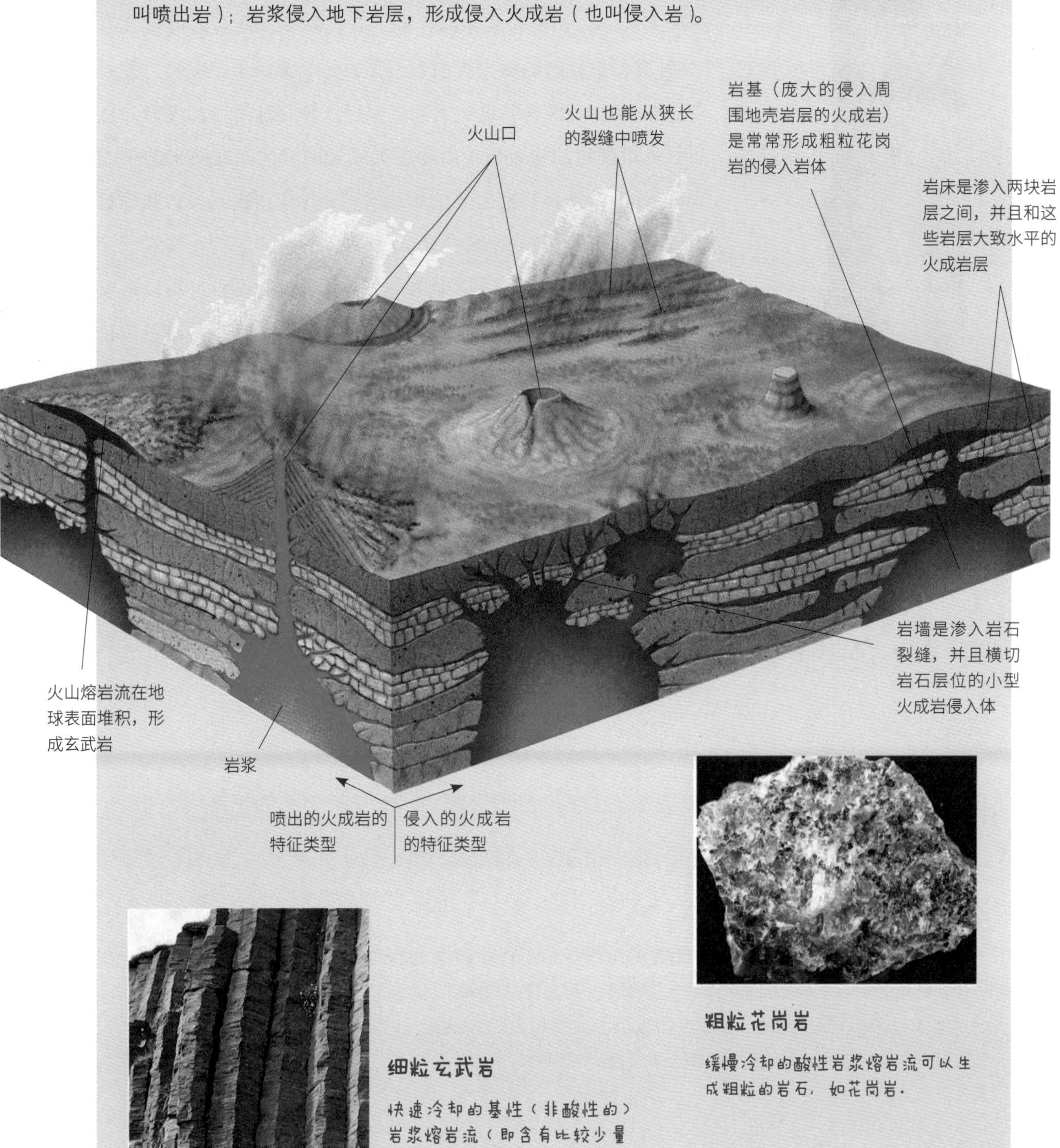

粗粒花岗岩

缓慢冷却的酸性岩浆熔岩流可以生成粗粒的岩石，如花岗岩。

细粒玄武岩

快速冷却的基性（非酸性的）岩浆熔岩流（即含有比较少量的二氧化硅的岩浆），可以生成细粒的岩石。

▲ 这是古希腊神像雕塑——维纳斯，它是由变质岩大理石制成的。

岩浆冷却快，岩石晶粒一般就比较小；岩浆冷却慢，晶粒就会变得越来越大。岩浆的喷发物在敞开的空气中迅速冷却，生成细粒的岩石。例如如果岩浆是基性的，且易于流动，就会形成玄武岩；如果岩浆是酸性的，并且黏稠，就会形成流纹岩（一种有精细纹理的喷出火山岩，在成分上类似于花岗岩，并通常显现流线）。像岩基这类大的岩浆侵入体在地下冷却缓慢，从而形成粗颗粒的深成岩（由深层火成岩或岩浆演变而来的一类岩石），比如来自基性岩浆的辉长岩（一种主要由斜长岩和辉石构成的、质地粗糙的火成岩），以及来自酸性岩浆的花岗岩。接近地表的小的侵入体，如岩墙和岩床，冷却速度稍快，可以形成中等粒度的浅成岩，例如来自基性岩浆的辉绿岩（一种暗色微粒火成岩），以及来自酸性岩浆的石英斑岩。

变质岩

当地壳扭曲变形，或者岩浆从地下强烈冲出时，岩石常常要承受巨大的热量和压力。有时，这些热量和压力相当强烈，以至于岩石会完全变成另外一种类型。地质学家们称这个过程为变质作用。

你知道吗？

不可思议的物质

所有岩石都是由矿物晶体组成，矿物是地球上天然形成的化学物质。一些岩石是由单一的矿物组成的；其他（大多数）岩石则由几种矿物组成。地球上有 1200 多种天然矿物，但其中只有大约 30 种常见矿物。最常见的矿物是硅酸盐类矿物，这类矿物由氧元素、硅元素和一些金属元素构成。此外还有 500 多种硅酸盐类矿物，98% 的地壳都是由它们构成的。含量最丰富的硅酸盐矿物之一是石英（如图）。由于所含杂质不同，石英呈现不同的颜色。但是，纯净的石英晶体只含有硅元素和氧元素。

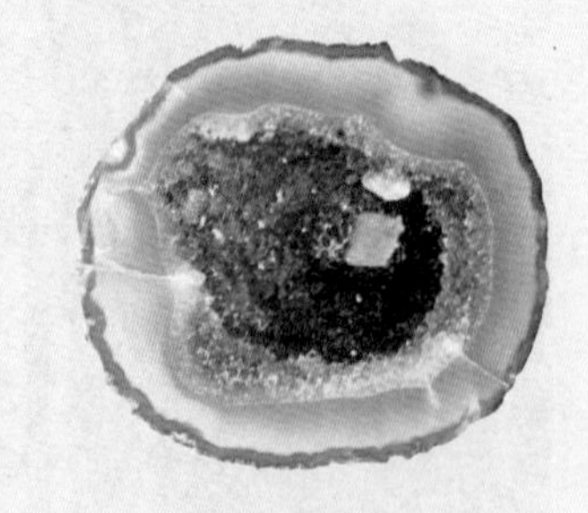

区域变质作用

区域变质作用发生在广大范围内。当地球的板块活动时，板块运动可以对大面积的岩石施加巨大的热量和压力，区域变质作用由此发生。

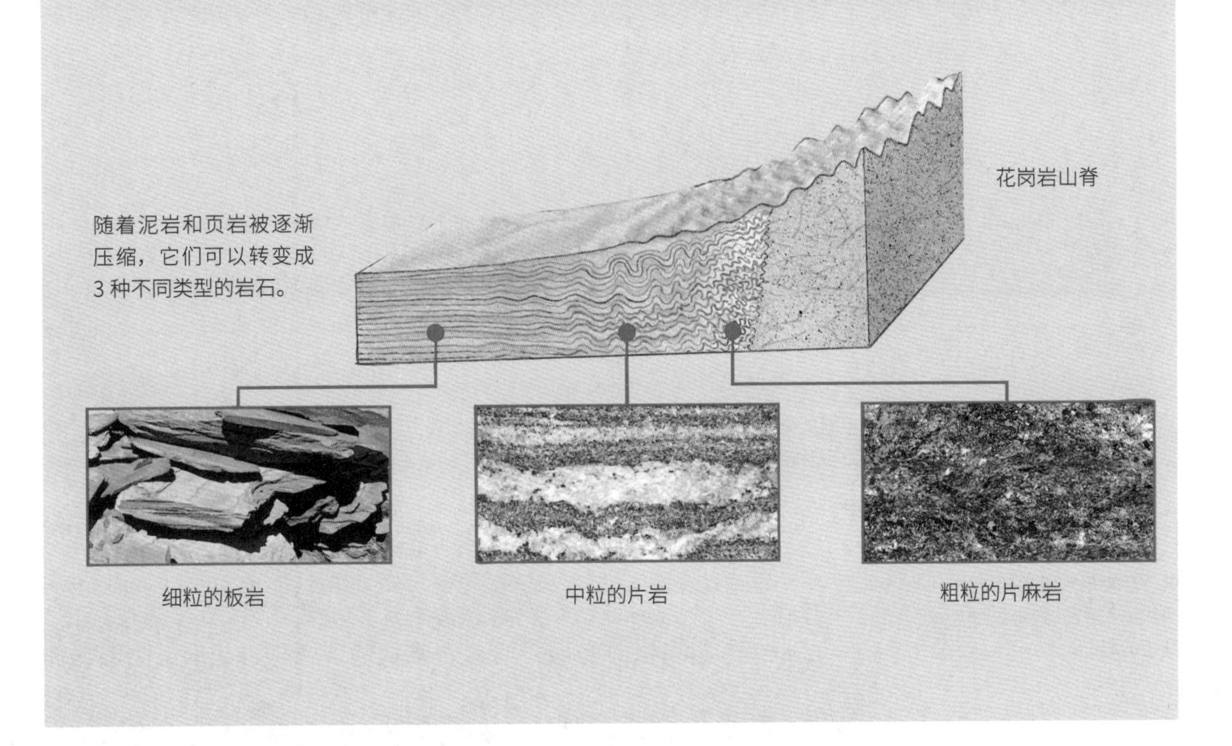

接触变质作用

接触变质作用发生在一个较小范围内。在一个侵入体中，岩浆的热量促使周围的岩石发生变化，接触变质作用由此发生。

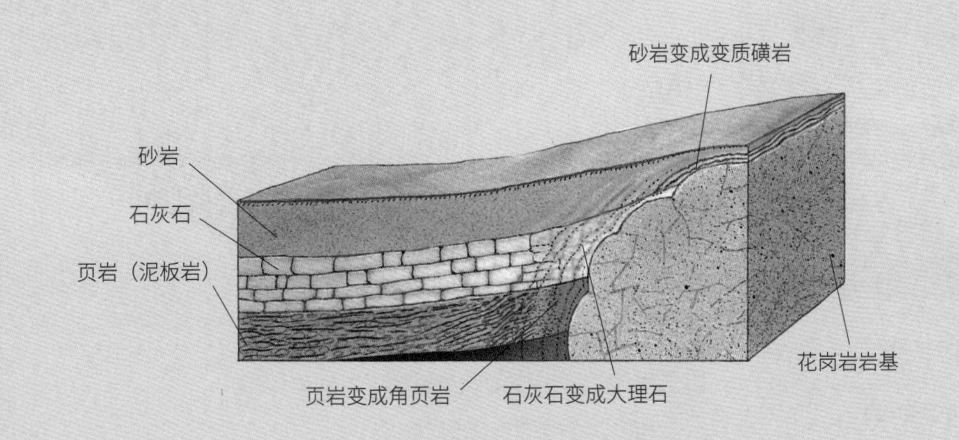

沉积岩

沉积岩是层状的岩石。它们可以由其他岩石的碎屑、植被和动物残骸，或者一些化学物质共同组成。不同种类的沉积岩会在不同的地区形成。

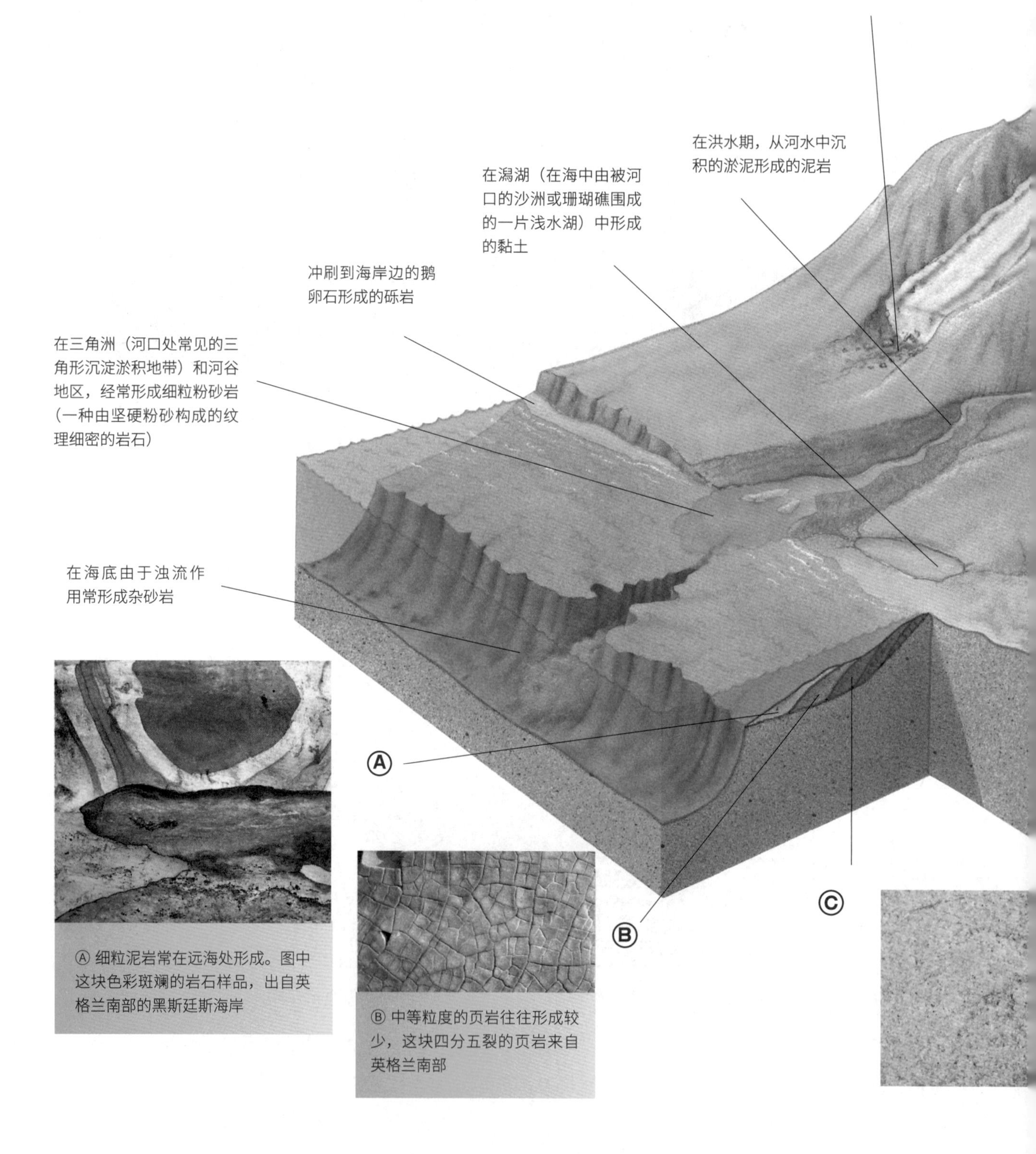

Ⓐ 细粒泥岩常在远海处形成。图中这块色彩斑斓的岩石样品，出自英格兰南部的黑斯廷斯海岸

Ⓑ 中等粒度的页岩往往形成较少，这块四分五裂的页岩来自英格兰南部

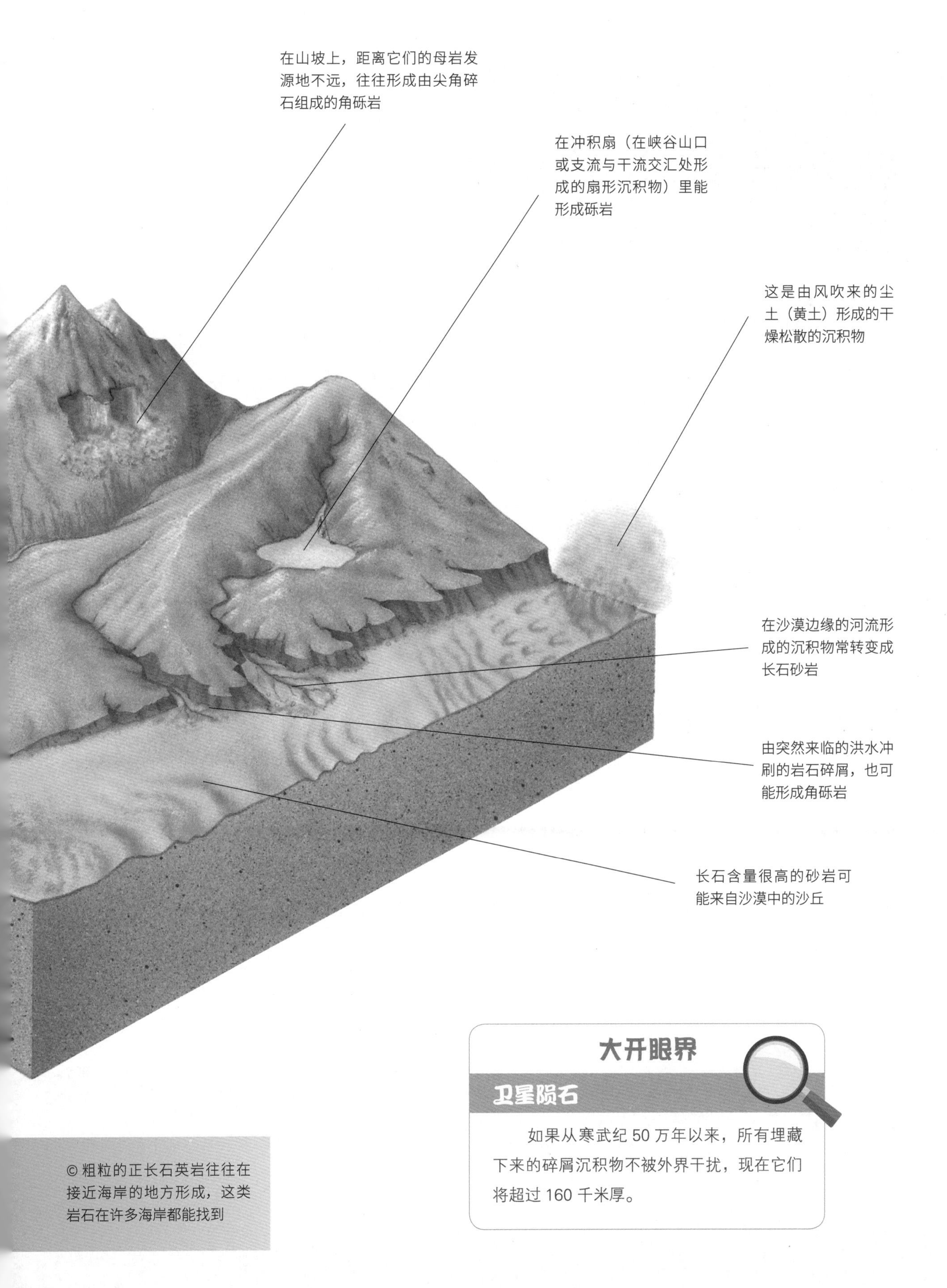

大开眼界

卫星陨石

如果从寒武纪 50 万年以来，所有埋藏下来的碎屑沉积物不被外界干扰，现在它们将超过 160 千米厚。

© 粗粒的正长石英岩往往在接近海岸的地方形成，这类岩石在许多海岸都能找到

▲ 这是在土耳其的帕穆克卡莱（也被称为棉花城堡），从含有各种矿物质的泉水中溶出的石灰石沉淀物，形成的奇特地貌。

变质作用倾向于把所有的岩石变得更坚硬，结晶程度更好。它有两种作用方式。当地球表面各个板块运动时，山下大面积的岩石被挤压，这是区域变质作用。当泥岩和页岩被挤压得越来越坚硬时，这种作用可以把它们变为板岩，然后再变为片岩，最后变为片麻岩。从地下喷出的炽热岩浆烘烤周围的岩石，这是接触变质作用。这种变质作用可以把砂岩变成变质磺岩，把石灰石变成大理石，把页岩变成角页岩。

现在，地质学家们在实验室里，能够模拟出产生变质作用的各种地质条件。通过在不同类型的岩石上施加不同的温度和压力，他们已经对变质作用有了诸多的了解。

沉积岩

尽管大部分地壳都是由火成岩组成的，但是大部分火成岩都被埋藏在薄薄的沉积岩层下。随着岩石碎屑沉积、固定在海底或其他地方，这些岩层就形成了。上百万年来，这些岩层不断经受挤压和黏结凝固，形成固体岩石。

有一些沉积物，如石灰石和白垩（一种松软的方解石粉块），主要是由植物和动物的残骸组成的。如果这些岩石由生物体组成，如珊瑚礁，就称之为生物成因的沉积岩；如果它们是由破碎的生物体组成，如海贝壳，就称之为生物碎屑沉积物。其他沉积物（统称沉积岩）是由从水中溶出的各类化学物质组成的。但是，大部分沉积岩都呈碎屑状，因为它们是由岩石碎片构成的。地区不同，碎屑岩的种类也不同。在洪水期，由河水冲刷形成的沉积物，往往倾向于在河谷中形成细粒的粉砂岩和泥岩。海岸上经常形成含有卵石的砾岩，因为那里有许多被海浪冲来的鹅卵石。

矿物

岩石是由被称为矿物的化合物组成的，这些矿物使岩石具有一定的纹理。有的岩石只是一种或两种矿物的混合物，有的则包含十几种甚至几十种矿物。

科学家们只能观察到地球表面和地层以下一定深度内的岩石，而没有办法获得更深处的岩石样本。不过，科学家们已经利用两种办法成功地描绘出了一幅很有说服力的地球化学组成图。第一种方法是，用地质学方法，通过研究地震波的传播图、不同区域岩石的磁性及引力情况来探测地球的内部构造。第二种方法是，研究其他的行星和太阳，分析落到地球表面的陨石。由于地球最初形成时具备和太阳系其他行星一样的物质来源，所以它们必定有相似的化学组成。

对太阳光进行光谱分析表明，太阳是由大量的氢、氦，以及少量的其他元素组成的。氢和氦是两种很轻的气体，所以在地球形成的时候，大部分氢和氦很可能都飘向了宇宙空间。但是太阳中那些少量的元素对于我们探知地球的组成很有帮助。陨石主要有两种类型——石陨石和铁陨石，而与之对应的是地球内部铁质的地核，以及石质的地幔和地壳。

在对比了其他星体的组成成分之后，研究地球化学的科学家（地球化学家）得出结论：地球是由大量的铁、氧、硅、镁，以及少量的镍、硫、钙、铝和大约70种其他化学元素组成的。

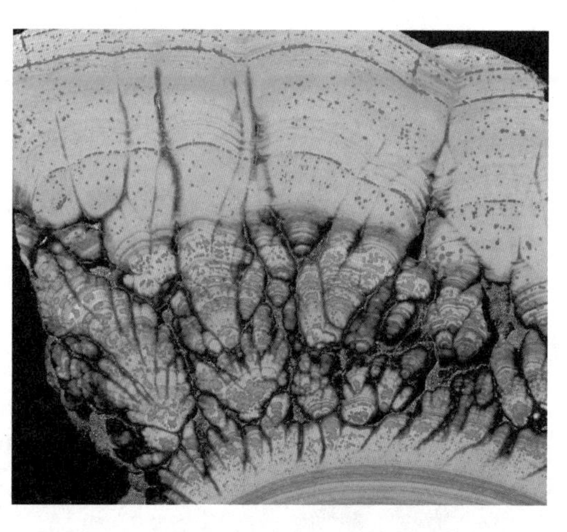

▲ 显眼的绿色使我们一眼就能认出这是孔雀石。孔雀石是铜的碳酸盐矿物，是重要的炼铜原料。同时，由于美丽的色泽和外观，它也常被用来制作装饰品。

化学物质的分布

地球最初形成时温度很高，各种化学成分是混合在一起的，但是当它逐渐冷却下来时，这些化学物质便开始分离开了。像铁这样的较重的元素沉到中心形成地核，同时带着稍轻的亲铁元素，如镍、金等可与铁紧密结合的元素一起沉到了下面。更轻

▲ 云母是最常见的硅矿石。它的晶体结构使它可以被切割成厚度小于1毫米的薄片（不要尝试这样做，以防割伤自己）。

▲ 构成地球的岩石是由许多被称为矿物质的化合物组成的。图中是出自英国康沃尔郡的花岗岩，其中包含两种不同的矿物——石英和长石。

一些的元素，如氧和硅则浮到地球表面形成地壳，同时将亲石元素，如铝等容易与氧、硅结合的元素带到了地壳。硫集中分布在地核和地壳之间的地幔层，锌、铅等常与硫结合形成硫化物的亲硫元素也处于这一层。

因此最终的结果就是，地壳岩石中的主要化学元素是氧和硅，以及少量的铝、铁、镁、钙、钾、钠等。地壳中还包含极少量（不到1%）的64种其他元素，如锰和氢等。

这些化学元素很少以单质的形式存在，而是通常形成化合物。这些化合物就是组成岩石的矿物。几乎所有的矿物都以晶体的形式存在。

▲ 赤铁矿是铁的氧化物，它是一种很有价值的矿石，和其他金属氧化物一样，它在地壳中很常见。

矿物类型

组成岩石的矿物质大约有3000多种，其中硅酸盐是目前已知的最大的一类。硅酸盐由地壳中含量最多的两种元素——硅和氧组成，这两种元素通常与各种金属组成化合物。硅酸盐太普遍了，以至于地质学家们把地球上的矿物分成了硅酸盐类和非硅酸盐类。

硅酸盐大约有500多种。大多数硅酸盐都很坚硬，并且不溶于酸（这一点不同于另一些矿物）。在这些硅酸盐中，有一种最普通的片层状矿物叫作云母。它们在花岗岩、片麻岩、片岩中呈现出细小的黑色纹路。

角闪石是另一类常见的硅酸盐。角闪石中含有铁和镁，往

▲ 图中是硫化汞，也叫朱砂。它和其他的硫化物一样，在地球的地幔层中十分常见。

往还有少量的铝、钙或钠。最常见的角闪石是经常在火山岩中发现的普通角闪石。橄榄石和角闪石一样含有铁和镁，但是它们的分子结构更为简单，而且通常形成墨绿色的楔形晶体。橄榄石被认为是海底岩层的主要组成部分。不过，目前最重要的一类硅酸盐是含有钙、钠、钾或铝的长石。

在非硅酸盐类矿物中，由氧和其他元素化合形成的氧化物是非常重要的一类。我们日常生活中使用的一些金属就是从这些氧化物中提炼出来的。铁的氧化物赤铁矿和磁铁矿都是工业上重要的铁元素来源。锡石（锡的氧化物）是锡元素的宝贵来源。在非硅酸盐中，还有另一种重要的金属矿物——硫化物。硫化物是金属与硫组成的化合物，其中包括铅矿石方铅矿、汞矿石朱砂、铁矿石黄铁矿，以及锌矿石闪锌矿。

组成岩石的矿物

岩石是由多种不同的矿物组成的，每种矿物都含有特定的化合物，可以在岩石上呈现出自己独有的特征。这些矿物被称为组成岩石的基本矿物。例如组成花岗岩的基本矿物是石英、云

▲ 图中是晶形呈圆盘状的硫铁矿（也叫黄铁矿）。它是炼铁工业的重要原料，也经常被用来生产硫酸。

母和长石。大多数岩石中还含有少量的其他矿物，叫作附属矿物。花岗岩中往往含有少量微小的楔形榍石晶体。

地质学家们面临的一个主要问题就是，识别岩石中的矿物成分。有些一眼就可以看出来，比如亮绿色的孔雀石。但是许多岩石彼此之间外观极为相似，在这种情况下，地质学家就要根据它们的某些关键特征来进行鉴别，这些特征包括矿石的颜色、光泽（玻璃光泽、金属光泽、蜡状光泽、油脂光泽等）、硬度、密度及断裂方式（解理）等。

宝石和准宝石

宝石无疑是世界上最美丽、最有价值的东西之一。为了得到这些宝石，有些人甚至不惜犯下谋杀的罪行。

从本质上说，宝石就是在地下自然形成的特殊晶体。这些晶体只有在特定的条件下才能形成，而这些特定条件非常难求，所以世界上只有很少几个地方能发现宝石。这也是宝石为什么这么珍贵的原因。

像钻石和红宝石这样的宝石可以说是宝石中最稀少、最珍贵的。因为产生它们的条件如同时具备适当的温度、压力、矿物成分等是非常罕见的。正是这种独一无二的组合使它们成为最美丽的宝石之王——清澈、耀眼、色泽丰富、造型完美得无可挑剔。

而像玛瑙和水晶这样的准宝石，形成它们的环境就广泛、常见得多了，所以它们的价值也相对较低。准宝石看起来不像宝石那样令人惊叹，它们不太清澈，色彩也不够鲜亮，形状也不是那么完美。

宝石

和许多晶体一样，宝石是典型的溶解于液体和气体的化学物质的产物。宝石从液体和气体中结晶出来，晶体一层层地生长，直到消耗完所有的化学成分。宝石通常只会在极高的温度和压力条件下生成，所以它们往往出现在火山和变质岩里。它们埋藏在岩石的深处，通常都很难找到。

炽热而稀薄的溶液，再加上从火山岩中渗出的高温气体——很多宝石都是这样生成的。岩石中的洞孔和裂缝给晶体的生长提供了天然的场

你知道吗？

宝贵的“泡泡”

宝石经常排列在岩石内部小而圆，洞壁上带有结晶的“晶洞”中。熔岩里的岩浆气泡冷却、凝固后，才能出现这类洞穴。

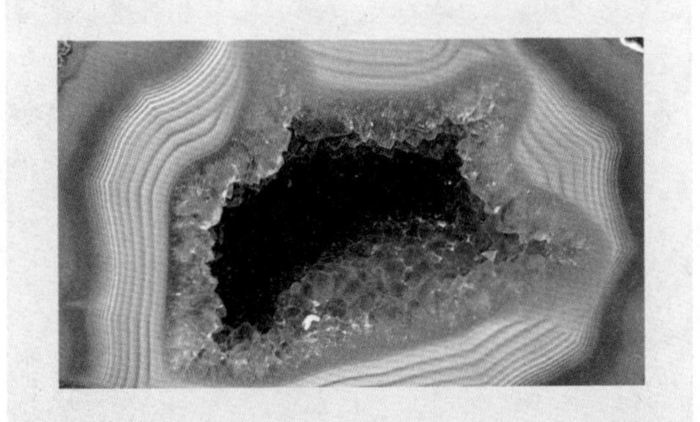

▼ 蓝宝石有各种不同的色彩，不仅仅是蓝色。一颗红色的蓝宝石，更常被叫作红宝石，而不是蓝宝石。

大开眼界

最大的钻石

库里南钻石曾是最大的钻石。1905年，在南非首都比勒陀利亚的第一大矿发现它时，整块重达3106克拉。“克拉”是珠宝的重量单位，1克拉等于0.2克。也就是说这块钻石重约621.2克。世界上最大的分割钻石——非洲之星，就是从这颗钻石分割出来的，这颗钻石现在镶在英女王的王冠上。

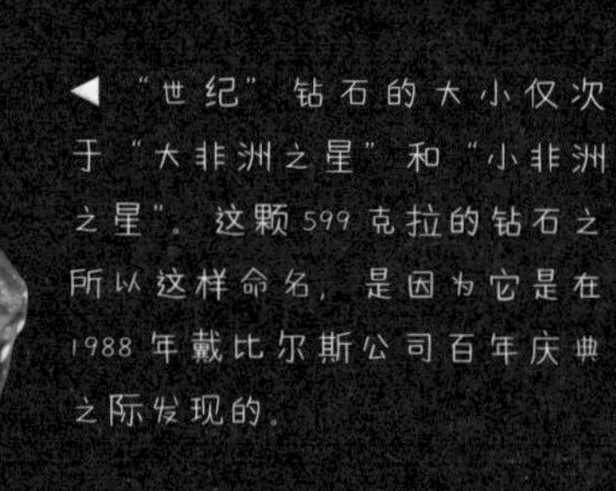

◀ “世纪”钻石的大小仅次于“大非洲之星”和“小非洲之星”。这颗599克拉的钻石之所以这样命名，是因为它是在1988年戴比尔斯公司百年庆典之际发现的。

◀ 在世界性的拍卖会上，以极高的价格卖出的不只是钻石。这颗曾为罗马尼亚玛丽皇后所有的重478克拉的蓝宝石（左边）曾以相当于130多万人民币的天价卖出。

▲ 石英（准宝石）有很多种，粉红色的蔷薇石英含有微量的钛和铁，这些棕色的斑点是磷铝锰矿矿石。

所。还有一些宝石产生于熔岩。熔岩到达地表时缓慢地冷却和凝固，在这个过程中生成了一些宝石。少数宝石产生于大陆板块的移动过程中，岩石被挤压、变质，巨大的温度和压力迫使晶体改变了形态和结构。

准宝石

准宝石的形成不需要像宝石那样极端的条件，所以在火山岩、变质岩和沉积岩里都可以发现准宝石。

石英是所有准宝石里最普通的一种了，它的成分是二氧化硅——世界上最常见的物质之一。如果条件合适，石英可以长成巨大的晶体。石英和绿玉、刚玉一样，也有很多种形态和色彩。铁会让石英变成紫水晶和黄水晶，钛和铁可以让石英变成蔷薇石英，而铝可以让石英变成墨晶。纹理非常细密的石英叫作“玉髓”，一般是在熔岩的气泡里形成的。玉髓也有很多种，有红色的红玉髓，也有锈色的碧玉和带条纹的棕色的缟玛瑙。

▲ 这是淡蓝绿色的海蓝宝石晶体，少量的铁与透明的绿玉作用，形成了这种晶体。

▲ 橙黄色的金绿柱石是另一种含铁的绿玉，因为它的颜色，有时人们又称之为“金绿玉”。

有机宝石

不是所有的宝石都来自岩石，有一些是植物和动物变成的。这些有机宝石或许不像矿物宝石那样坚硬或致密，但

你知道吗？

人造宝石

并非所有的宝石都是天然的。人工也可以制造——不仅是制造赝品，还可以制造真正的宝石，比如红宝石和蓝宝石，把氧化铝的粉末放入火焰熔化，溶液一滴滴流出，冷却、变硬，这种单个的结晶就叫作“梨形人造宝石”。

▲ 对石墨（碳元素的另一种结晶形式）进行高温处理，可以制成人造钻石。

▲ 黑玉是褐煤的一种，是由死去的树木变成的。黑玉异常坚硬，而且有优美的光泽，常被用来制作珠宝。这个样品是在英国的约克郡发现的。

同样是珍贵而美丽的。

黑玉和琥珀都是化石。黑玉是一种煤，因腐烂的树木在压力作用下，经过数百万年演化而成。而300多万年以前的树木的汁液（树脂）变成的化石，就是“琥珀”。

珊瑚、珍珠和贝壳都是海洋生物的杰作。微小的海洋生物——珊瑚虫，它们美丽的、特有的粉红色的骨骼堆砌形成了珊瑚。珊瑚虫分泌的碳酸钙也促成了珊瑚的生成。珍珠也是碳酸钙组成的，在珍珠里，碳酸钙是种叫作“珍珠质”的物质。一粒沙子钻进了牡蛎或者贻贝体内，为了防止沙子的刺激，这些贝类分泌出珍珠质包裹沙粒，最终长成了一颗光滑的珍珠。贝壳和珍珠一样，也是珍珠质构成的，但贝壳是依附在壳内的生物上长成的层状物，比如鲍鱼。

钻石是世界上最硬的物质，它只有在极端的高温高压下才能生成。它们是岩浆被挤压进极窄的岩石裂缝时生成的，这种裂缝称为“喷尘筒状脉”。岩浆凝固后，形成了金伯利岩，勘探者就循着金伯利岩的矿脉来开采钻石。但是随着岁月的流逝，岩石出现风化，钻石也许会被冲刷出矿脉。所以，在附近的砂石里，人们也常能发现钻石。

刚玉晶体产生于玄武岩类火山岩和不同类型的变质岩，但通常它们并不算宝石——虽然它们坚硬无比，用来磨刀再好不过了。但是当它们包含了一些微量的化学物质，就会变成贵重的宝石。微量的铬可以把刚玉变成红宝石；微量的钛和铁可以让它变成黄色、绿色、蓝色——多种色彩的蓝宝石。

晶系

宝石、准宝石和所有其他石头，每一个都属于 7 种基本晶体形态中的某一种，这 7 种基本晶体形态称为“晶系”。晶系是由每种石头内部的原子排列方式决定的。

正方晶

萤石（左图），一种准宝石，属于正方晶（右图）。

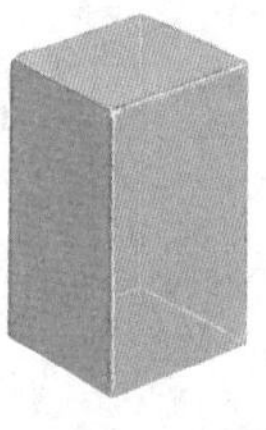

立方晶

符山石（左图），一种石头，属于立方晶（右图）。

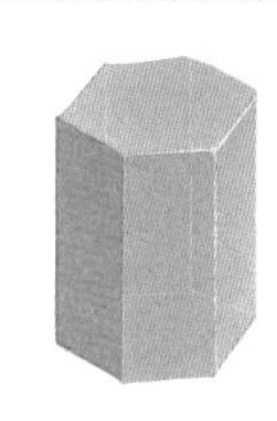

六方晶

翡翠（左图），一种宝石，属于六方晶（右图）。

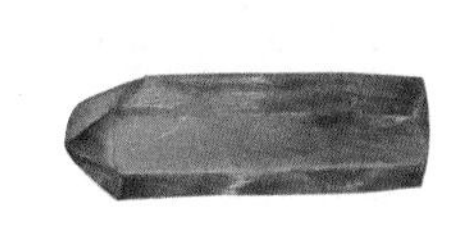

正交晶

黄晶（左图），一种准宝石，属于正交晶（右图）。

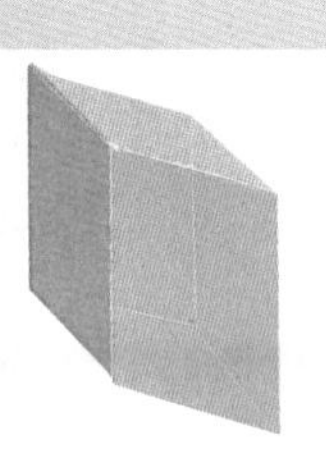

单斜晶

石膏（左图），一种石头，属于单斜晶（右图）。

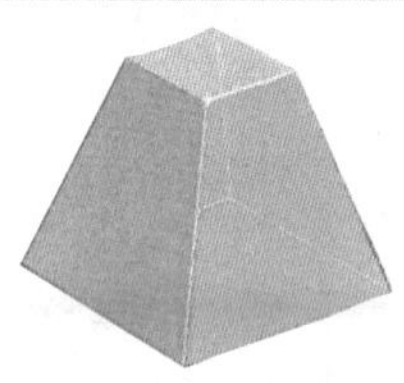

三斜晶

斧石（左图），一种石头，属于三斜晶（右图）。

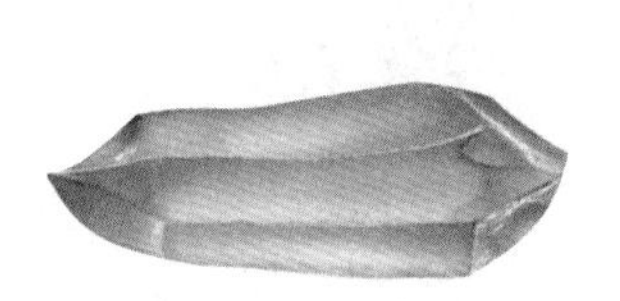
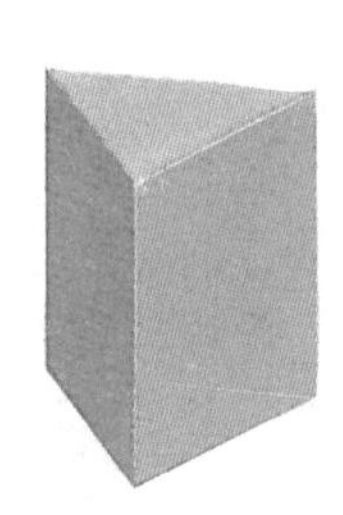

三角晶

石英（左图），一种准宝石，属于三角晶（右图）。

▲ 紫水晶是一种石英，通常是六边形（六方晶）的晶体，水晶中的紫色是因为石英里含有铁这种杂质。纯净的石英叫无色水晶，是完全透明的。

▲ 碧玉也是一种不纯净的石英，通常是暗红或者棕色，也有些是黄色或墨绿色。鹅卵石状的碧玉经常和另一种石英——玛瑙一起出现在海滩上。

▲ 这些珍贵的珍珠产于那些生活在热带海洋的牡蛎的贝壳里。淡水牡蛎里的珍珠的价值相对就差多了。

▲ 黄晶（准宝石）的主要成分是铝、氟和硅，它会呈现好几种不同的颜色。这个黄色的样本来自巴西。

▲ 微量的金属钒或金属铬与绿玉化合，生成了翠绿色的祖母绿。

▲ 光线在猫眼石的表面折射，产生了绚丽的光彩。

同样，微量的锰可以让清澈的绿玉变成粉红色的铯绿柱石；微量的铁可以让它变成黄色的金绿柱石，或是青绿色的海蓝宝石；而铬或钒可以让它变成美丽的祖母绿。这类宝石一般都生成在花岗岩或者结晶花岗岩的火山岩构造中。猫眼石（蛋白石）和其他珍贵的宝石不同，它不是晶体，实际上，猫眼石跟彩色玻璃很像，它是在温泉周围和沉积岩的裂缝里慢慢形成的。猫眼石非常绚丽多彩，这些闪烁的、绚丽的色彩是宝石内部大小不一的硅球面产生的。最著名的猫眼石是墨西哥的火蛋白石，这种宝石几乎完全透明，内部闪烁着亮丽的黄色和跳跃不定的红色“火焰”。

土壤

陆地的表面被一层松软的物质覆盖着，这层物质称为土壤。它看起来就像泥巴一样灰暗无趣，但它是一个动态的系统。如果没有土壤，野生植物和农作物就无法生长。

土壤主要是破碎的岩石和有机物质（死亡的动植物分解后的产物）的混合物。但事实上，情况要复杂得多。土壤虽然是一种惰性物质，但水、空气以及溶解在水中的所有矿物质都在其中不断循环，从而使土壤成为不计其数的植物、动物和微生物赖以生存的家园。

固体岩石被风化后会破碎成一层薄薄的岩石碎片，称为风化层。当风化层逐渐被植物和动物占据，并且岩石碎片之间的空隙被动植物残骸填充时，土壤就开始形成了。慢慢地，土壤微小的孔隙（细孔）中会布满空气、水和各种生命体，这些物质会造成岩石化学成分的改变，有助于土壤的进一步发育。

土壤通常需要经历数万年时间才能发育成熟。土壤的性质很大程度上取决于它下面的固体岩石的性质。不过，随着土壤不断形成，这个因素的重要性越来越小，而其他因素，如气候和土壤中有机体的类型，开始具备更强的影响力。所以从世界地图上看，气候和植被类型相近的地区，土壤类型也往往非常相似。

腐殖质

土壤中最重要的成分是腐殖质。腐殖质是一种黑色的果冻状物质，当植物和动物的遗骸受到细菌和真菌类生物的侵袭时，它们就会逐渐腐烂，形成腐殖质。如果没有腐殖质，风化层就只是一堆碎石，是腐殖质使风化层变成了土壤。腐殖质不仅像海绵一样，帮助存储水分以供植物利用，而且还能为植物提供必需的矿物质。

每个地方的条件不同，腐殖质的性质也不同。在排水较好的土壤里，往往会形成一种营养丰富的腐殖质，称为细腐殖质。含有大量细腐殖质的土壤一般都很肥沃。在相对潮湿、排水较差的地区，往往形成酸性的、不肥沃的腐殖质，称为粗腐殖质。肥沃程度和酸度介于细腐殖质和粗腐殖质之间的腐殖质被称为半腐殖质。

▲ 这是美国中西部地区的一片麦田，它一望无际，景色壮观。不过，反复的耕种会造成严重的水土流失。在美国平原地带，可用于农耕的表土的流失速度是其形成速度的8倍。

▲ 蜈蚣和千足虫在地表或接近地表的土壤中四处穿梭，食用腐烂的植物。

生机蓬勃的土壤

对土壤来说，生活在土壤中的大量生命体几乎和腐殖质同样重要。

首先是各种植物，它们的根系会从土壤中吸收水分和必不可少的矿物质。然后是大量的穴居生物，例如蚂蚁、白蚁、啮齿动物和蚯蚓。事实上，据科学家们推测，生活在土壤中的动物比生活在地球上其他地方的动物总和还要多。这些动物把土壤搅得“天翻地覆”，把不同土层的矿物质和腐殖质均匀地混合在一起。蚯蚓对于土壤特别重要，因为它们会把土壤吞入口中，使土壤经过它们的身体，然后再排泄出来，这有助于优化土壤的结构，从而更有利于植物的生长。

最后，土壤中还有各种微生物，如细菌和真菌。这些微生物不仅能分解植物和动物遗骸，把它们转化为腐殖质，而且对土壤中化学物质的转换起着重要作用。

▲ 在成熟的土壤中，常常可以发现这些微小的螨虫，它们负责分解死去的动植物遗骸。

土壤剖面

随着土壤逐渐发育成熟，土壤的顶层和底层的成分会有所差异。向下纵切土壤，得到的截面称为土壤剖面，它可以向我们展示出不同的土壤层，每一层都有独特的颜色、结构，以及矿物质和动物种类。各个土壤层的厚度和性质差别巨大。

土壤剖面的最顶层是H层，它是一层覆盖在土壤上面的薄薄的腐殖质。H层的下面是表土层，这是第一层真正的土壤层，称为A层。A层土壤富含矿物质和腐殖质。再往下是心土层，或者叫作B层，该层土壤中腐殖质比较匮乏，但是矿物质非常丰富，这些矿物质是从上面渗滤下来的。再往下是C层，该层比风化层强不了多少，基本上都是风化岩石的碎片。C层下面还有一层D层，这一层就是固体岩石。

▲ 森林土壤通常十分肥沃，因为不断从树上掉落的树叶腐烂后会形成一层厚厚的腐殖质。土壤中不可胜数的微生物不断分解腐烂的树叶，从而加快了森林土壤的形成。

水分和化学物质的运动

水分通过土壤向下层渗滤，同时把土壤上层的物质冲洗到下层，这个过程从根本上决定了成熟土壤的分层。

土壤中的水可以携带土壤颗粒向下运动，也可以携带有机物质和可溶性矿物质向下运动，这个过程称为淋溶作用。有时候，溶解在水中的矿物质会在B层土壤中重新沉淀下来，这个过程称为淀积作用。在湿度适宜的情况下，土壤物质的重新分布是一件好事。但是在非常潮湿的环境下，过度的淋溶作用会带走表土层中宝贵的营养物质。在非常干旱的情况下，水分会从土壤表面迅速蒸发，随着水分蒸发，土壤下层的水分就不断上升，并把溶解在其中的盐分也携带上来，导致表土层的盐度升高。在沙漠中，这些盐分可能被完全风干，形成一个硬硬的白色外壳，称为铝铁硅钙壳。硬壳的成分和硬度随沙漠土壤中矿物质的不同而变化。

山脉

没有什么比山脉更古老的了。人们认为它们是大地亘古不变的特征。然而，峰峦山冈并非从来就有。事实上，即使世界上最高的山峰，从地质形成的角度来看，仍然非常年轻。

地球的年龄超过40亿年，而地球上大多数雄伟山脉的年龄却不足3亿年。世界上最高的山系是亚洲的喜马拉雅山，但它的历史也不到2500万年。欧洲的阿尔卑斯山也仅有4000万年的历史。

地球上现存的山脉相对来说还很年轻，究其原因并非这些山脉形成的时间不够长。在地球发展的历史中，巨大的山峦在自然力的作用下，形成后又被摧毁，或逐渐销蚀磨灭，周而复始。

▼ 雄伟的珠穆朗玛峰，位于中国和尼泊尔边境的喜马拉雅山系中。世界上许多雄伟的山峰均位于喜马拉雅山系中，其中珠穆朗玛峰是世界的最高峰，高达8844.43米。

世界著名的山脉和高原

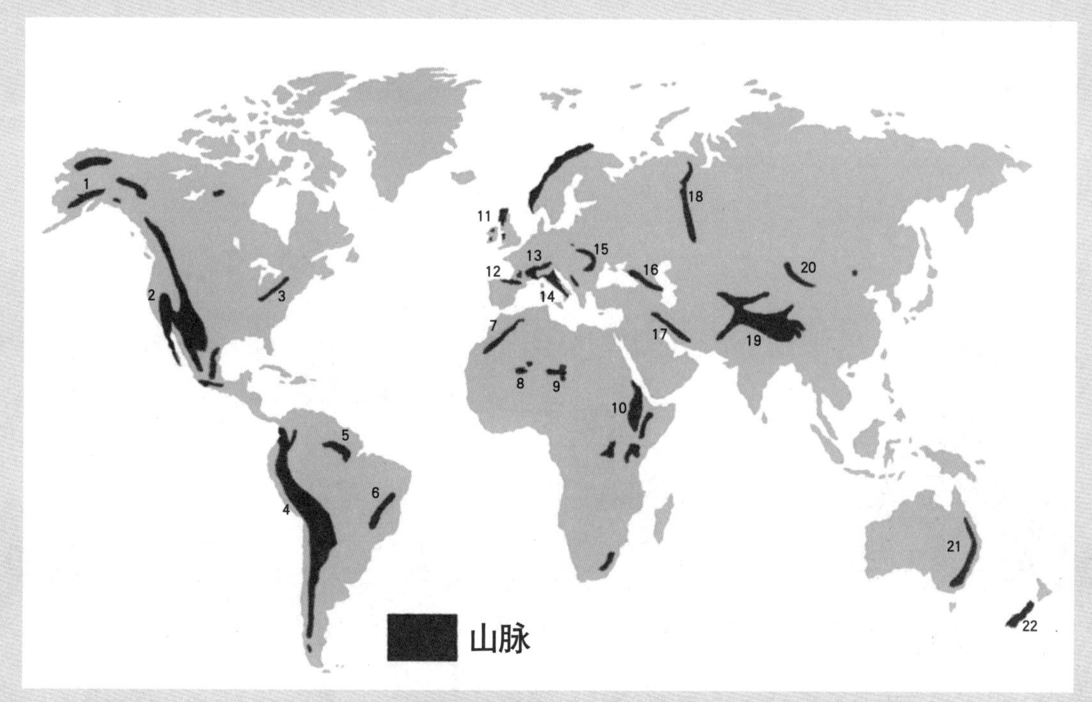

1. 阿拉斯加山脉
2. 落基山脉
3. 阿巴拉契亚山脉
4. 安第斯山脉
5. 圭亚那高原
6. 巴西高原
7. 阿特拉斯山脉
8. 阿哈加尔高原
9. 提贝斯提高原
10. 东非大裂谷
11. 格兰扁山脉
12. 比利牛斯山脉
13. 阿尔卑斯山脉
14. 亚平宁山脉
15. 喀尔巴阡山脉
16. 大高加索山脉
17. 扎格罗斯山脉
18. 乌拉尔山脉
19. 喜马拉雅山脉
20. 阿尔泰山脉
21. 大分水岭
22. 南阿尔卑斯山

现有的山脉是最新形成的，它们与先前的山峰一样，最终也会因为侵蚀作用、岩层断裂，或地震影响被逐渐夷平。

山脉是地壳中的某些岩石被挤压上升，其高度超过其他岩石而形成的。要推动如此众多的岩石上升，所需的力量非常巨大，而这些力量，来自大约20个组成地壳的构造板块的运动，这些庞大的构造板块运动虽然缓慢但却势不可挡。

即使现在，由于地壳构造板块的运动，世界各大山脉仍在不断增高。但人们普遍认为，最激

大开眼界

越来越准

1852年印度用大地测量的方法，测出珠穆朗玛峰的高度为8840米；1954年，印度以珠峰南侧不同位置为基准，测量出它的高度是8848米；1975年，我国的测绘工作者在取得完整的珠峰平面位置和高程的测量数据后，计算出珠峰的实际高度是8848.13米；2005年，中国重测珠峰高度，精确测出珠峰最新高度为8844.43米。

褶皱

所有的褶皱都具有相同的基本特征，但它们可分为不同的种类。

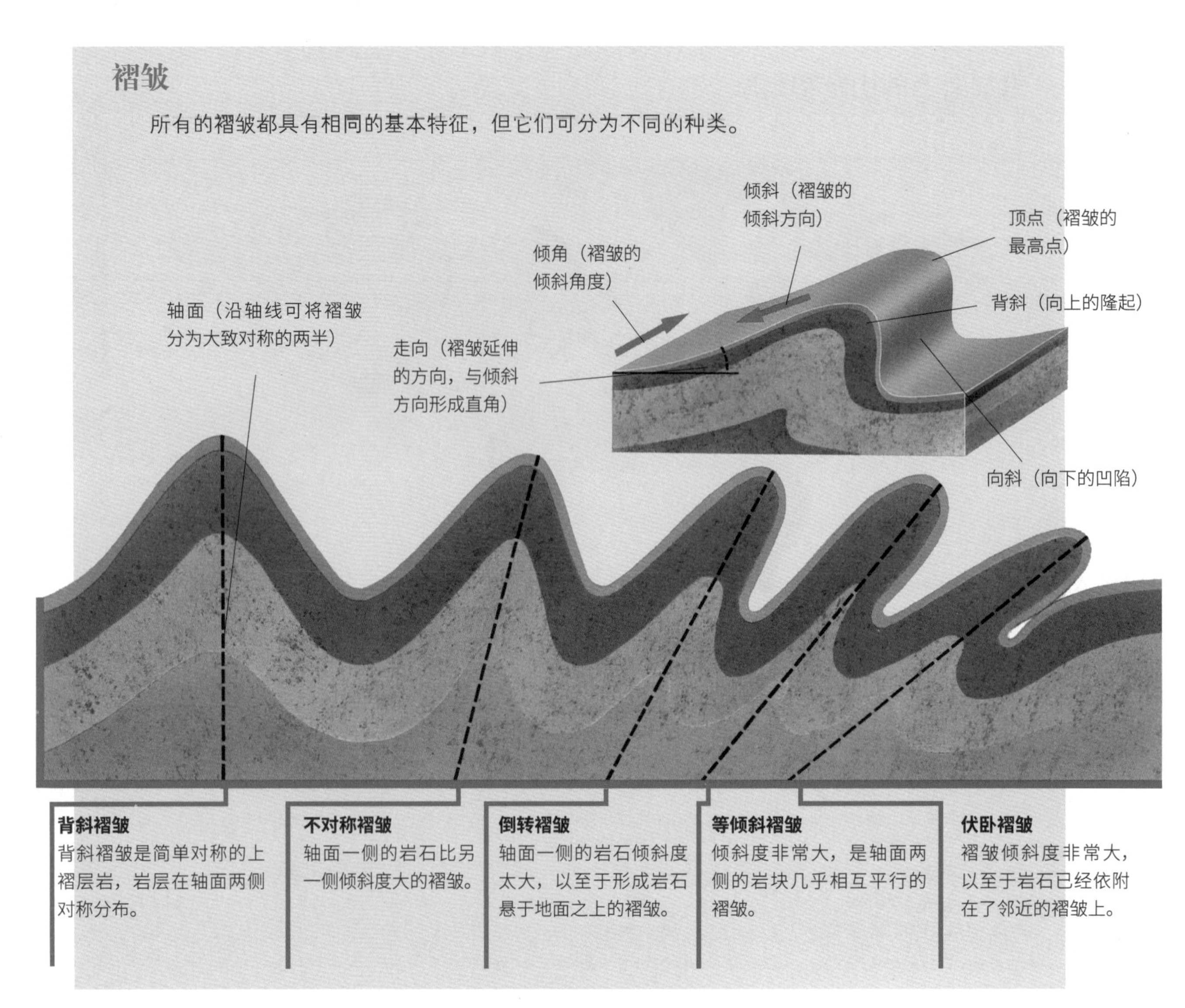

背斜褶皱
背斜褶皱是简单对称的上褶层岩，岩层在轴面两侧对称分布。

不对称褶皱
轴面一侧的岩石比另一侧倾斜度大的褶皱。

倒转褶皱
轴面一侧的岩石倾斜度太大，以至于形成岩石悬于地面之上的褶皱。

等倾斜褶皱
倾斜度非常大，是轴面两侧的岩块几乎相互平行的褶皱。

伏卧褶皱
褶皱倾斜度非常大，以至于岩石已经依附在了邻近的褶皱上。

◀ 位于英国西南部多塞特斯德尔侯的褶皱岩。岩层在亚欧大陆与非洲大陆板块相撞时上升，形成阿尔卑斯山并向外发出巨大的冲击波。

安德烈亚斯断层几乎横贯美国加利福尼亚州南北，它是一个巨大的掠断层。

烈的造山运动发生在地球历史的某些特定时期，那时的构造板块有特定的运动方式。这些特定的时期叫造山期，每一个造山期延续时间长达几百万年。造山运动主要集中在世界的几个区域，这些区域被称为造山带。造山带常常位于地壳构造板块的边缘，通常是两个迅速移动的板块交界处。当世界的某个地区正在造山时，另一个地区的山脉可能正在消亡。因此世界上不同地区有不同的造山期。

褶皱与断裂

地壳构造板块运动主要有两种造山方式：褶皱与断裂。

褶皱是指当一个地壳板块以惊人的巨大力量冲撞并嵌入另一个板块时，地壳中的岩石发生弯曲变形。在撞击中，一个板块的边缘发生扭曲，变形的岩层被向上推挤。世界上大多数高山都是以这种方式形成的，这也是为什么地球上最雄伟的山峦都位于板块碰撞的边缘地带。例如喜马拉雅山的形成就缘于印度板块被挤压而嵌入亚欧板块。

褶皱并非总是形成山脉。它可能只是使岩层微微皱起，隆起几百米高，或者甚至只有几厘米长。山脉的形成通常需要岩层剧烈褶皱，并且一次不够，必须多次叠加，最终才能使岩层发生惊人的扭曲和重叠。

▲ 一位马萨伊武士巡视位于肯尼亚的东非大裂谷的一段，此谷由断裂形成。

断裂是指地壳岩石在受到极大的作用力时产生的现象。这时，大块岩石受到强大的推力，被迫上升或下沉，导致地表张裂，形成新的高山深涧。与褶皱相似，断裂也常发生在地壳板块交界处，那里的岩石遭受的作用力最大。因此，许多山脉都是由断裂和褶皱两种方式共同作用形成的。当岩石发生剧烈的褶皱变形时，它们可能不只是弯曲变形成为褶皱，还有可能断裂错开形成断层。

通常，当地壳板块相互碰撞时，断层现象意味着巨大的岩块被挤入空中，形成隆起的高原（地垒），例如位于中东的西奈沙漠和德国的黑森林。在岩石被张力拉开的地方，断裂作用使岩石下沉，形成巨大的槽形山谷，即裂谷，其中最有名的是东非大裂谷，从莫桑比克经红海，一直延伸至以色列。途中一些地方的岩层并未被拉裂或推拢，只是发生了水平运动，形成捩断层，其中最著名的是位于美国加利福尼亚的圣安德烈亚斯断层，它是一种巨大的捩断层，也叫横推断层。

与褶皱一样，断层的规模可以很小也可以很大，在多数山区，断裂现象的复杂程度令人难以置信，因为岩石在强大的压力下曾一次又一次地发生断裂。

断层

有的断层都具有相同的基本特征。它们可以分为不同的种类。

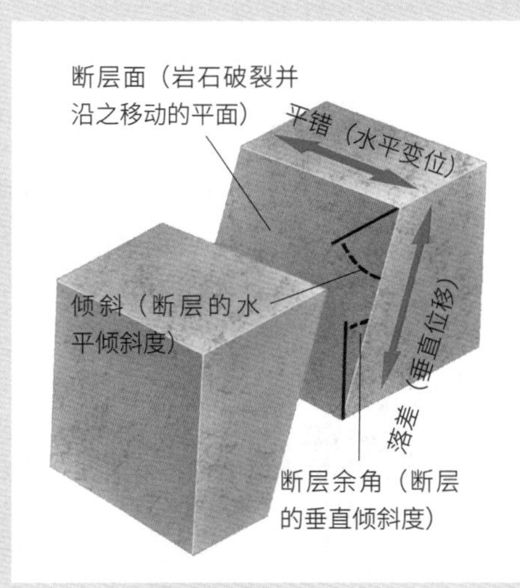

正断层

当岩石破裂，致使其中一块沿断层面下滑，形成正断层。

逆断层

当两块岩石相互推挤，使其中一块沿断层面上滑，形成逆断层。

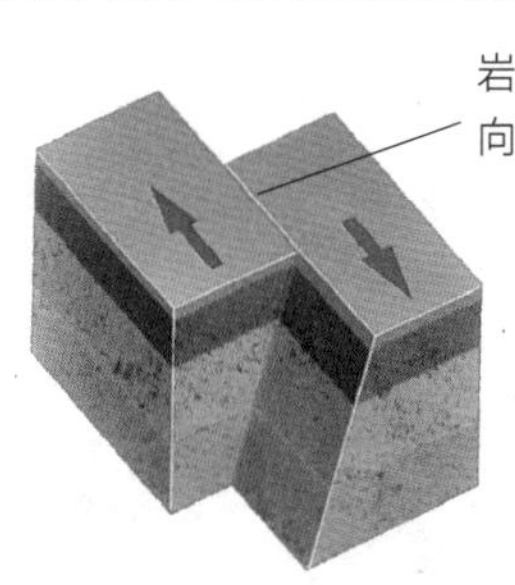

捩断层

当两块岩石沿断层面往相反方向水平滑动，形成平移断层。

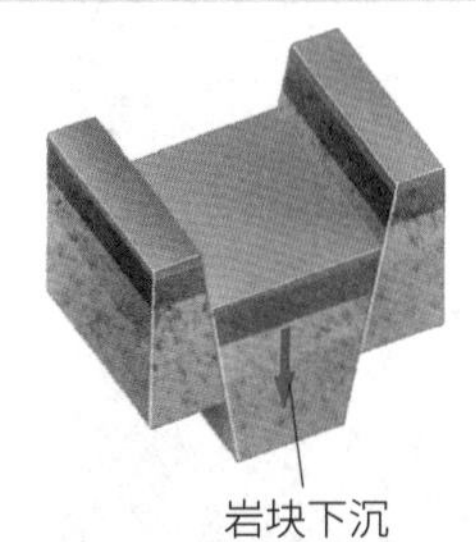

裂谷（地堑）

当中间的岩石与两侧岩石分裂并沿两侧断层面下沉，形成裂谷。

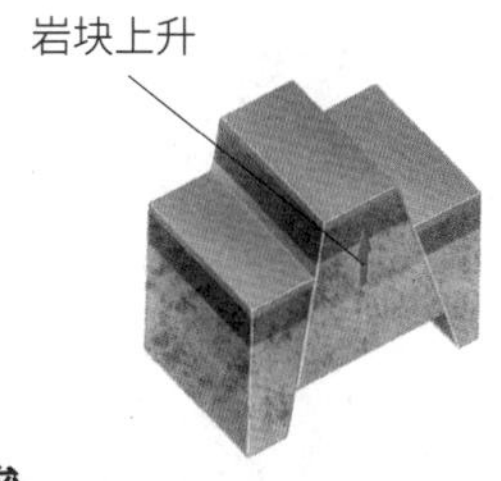

地垒

当中间的岩石与两侧岩石分裂，由于两侧岩石向内挤压迫使中间的岩石沿两侧断层面上升，形成地垒。

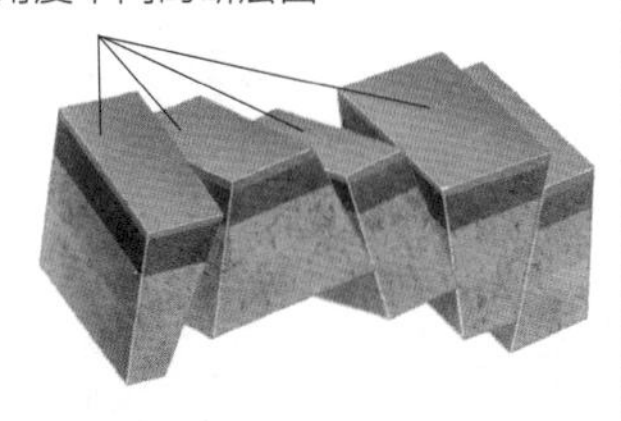

复杂断层

当许多岩块以不同的角度向着不同的方向沿着断层面运动时，形成复杂断层。

火山

不是所有的山都是地壳扭曲和断裂形成的。有的是火山爆发时，从地球内部喷发出的大量物质堆积而成。与通常造出巨大山脉的褶皱和断裂不同，火山活动往往形成单个山峰，如位于坦桑尼亚的乞力马扎罗山和日本的富士山。不过，在地壳板块交界处引起褶皱和断裂的板块变形，常常也会导致火山爆发。因此，许多火山，如安第斯山脉中的阿空加瓜火山和落基山脉中的圣海伦斯火山，都位于巨大的山脉之中。

▲ 乞力马扎罗山，位于东非坦桑尼亚，由火山活动而形成，高出周围平原 5895 米。

山的知识库

山脉的长度因其所处位置和形成方式的差异而有所不同。以下是全球最长的四大山脉。

山脉	大陆	长度
安第斯山脉	南美洲	7200千米
落基山脉	北美洲	6000千米
喜马拉雅山脉	亚洲洲	3800千米
大分水岭	澳大利亚	3600千米

世界上最高的山峰都位于喜马拉雅山脉。下表将告诉你其中最高的三座，以及世界上的其他高峰。

山峰	山脉/国家	高度
珠穆朗玛峰	喜马拉雅	8844.43米
乔戈里峰	喜马拉雅	8607米
干城章嘉峰	喜马拉雅	8586米
阿空加瓜山	安第斯山	6959米
麦金利山（迪纳利山）	阿拉斯加山脉	6193米
乞力马扎罗山	坦桑尼亚	5892米
厄尔布鲁士山	高加索	5642米
文森峰	南极洲	5140米
亚拉腊山	土耳其	5123米
勃朗峰	欧洲阿尔卑斯山	4807米
惠特尼山	落基山脉	4495米
富士山	日本	3776米
科修斯科山	大分水岭	2230米

► 圣海伦斯火山（高 2950 米）是美国落基山脉的一部分。1980 年 7 月曾猛烈喷发，导致 60 多人丧生。

火山

火山是地表的开口，地球内部深处炽热的熔岩从这里喷涌而出。在陆地或海床上都可以形成火山，火山还能形成岛屿，比如北太平洋的阿留申群岛。

装满熔岩或岩浆的大熔炉深藏在地壳的下面。岩浆冲破地表的裂隙或者地壳较薄的地方喷涌而出，灼热的熔岩四处流溢——这就是火山。岩浆中产生的气体会在地表附近聚集，引起巨大的爆炸。

▲ 夏威夷的莫纳罗亚山（夏威夷岛的活火山）喷发时并不剧烈，但它产生的岩浆却比任何火山都要多。1935 年，它的熔岩流威胁到了希罗市。人们向熔岩投掷炸弹，制造了一条新的通道，熔岩从城市旁边流过，城市安全了。

火山的地貌

在数百万年的地表演化中，火山扮演着重要的角色。火山创造了一些非常奇特的地貌，比如新墨西哥沙漠中的舰岩堡，245 米的固体熔岩环绕在一座火山的颈上；还有法国的勒皮镇，建立在一座死火山上，周围布满了指状的火山锥。

在地球早期的历史中，火山比今天要多得多。虽然如此，在现代也有过一些壮观的火山喷发。最大的一次是 1815 年爪哇附近的坦布拉山的火山喷发。火山产生的巨大烟云遮天蔽日，影响了以后几年的世界气候变化。

看着大地喷吐着烈火和岩石，真是一幅令人生畏的景象。但它是什么造成的呢？

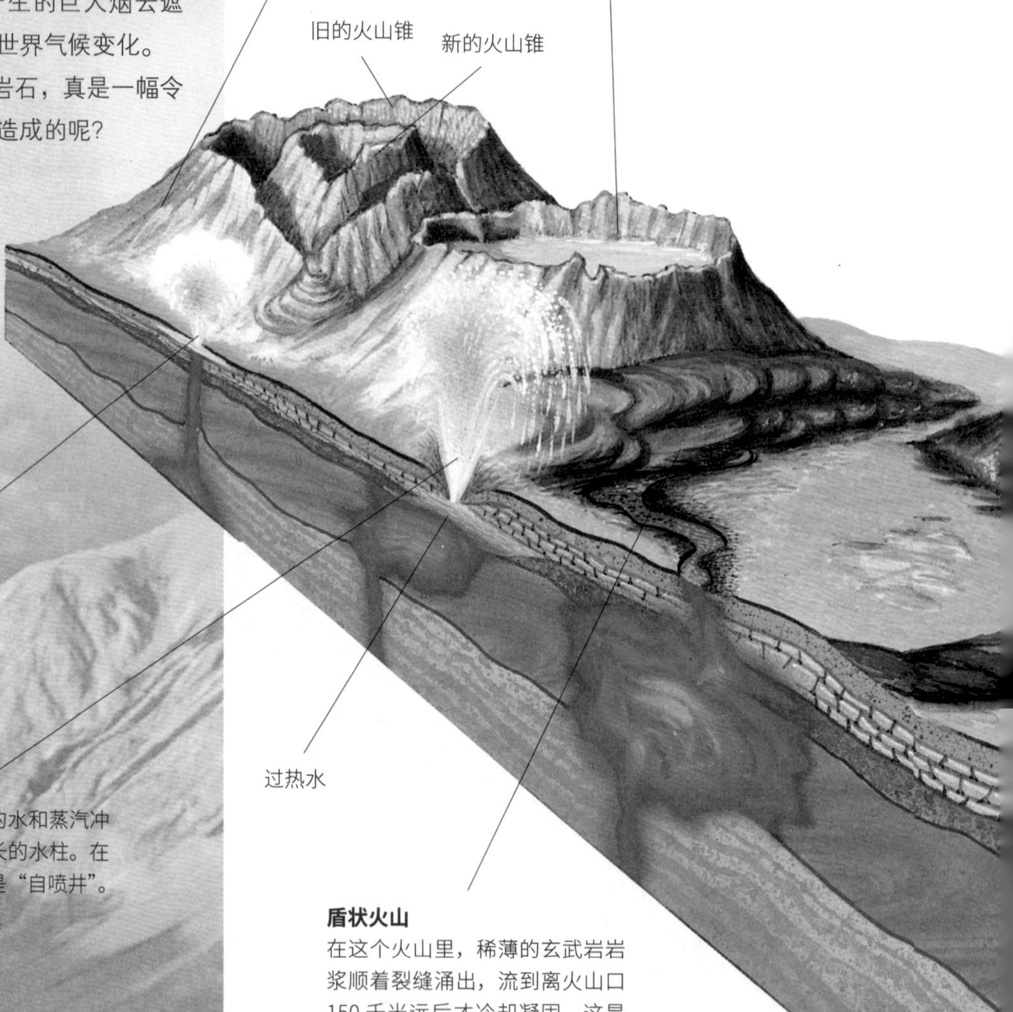

喷火山口
火山锥坍塌，留下了一个巨大的火山坑。有时这种火山坑里会流出熔岩；有时它会积满了雨水，形成一个火山湖。

死火山
非常古老的火山，所有活动都已经停止了。

旧的火山锥

新的火山锥

喷气孔
喷气孔类似于间歇泉，只是从“烟囱里”喷出的是二氧化碳和二氧化硫一类的炽热气体，而不是水。

间歇泉
间歇泉里，滚烫的水和蒸汽冲出地面，形成长长的水柱。在冰岛，间歇泉又是“自喷井”。

过热水

盾状火山
在这个火山里，稀薄的玄武岩岩浆顺着裂缝涌出，流到离火山口 150 千米远后才冷却凝固。这是一个低矮的、扩散型的火山。

夏威夷火山

这些火山离板块的边缘很远，它们产生于一个“热点”的上方。这片区域的地表下充满了紊乱而灼热的岩浆，动荡越来越剧烈，终于，岩浆穿透板块上的薄弱点喷涌而出。由于这些火山的岩浆很稀薄，而且基本上是爆发最小的火山，所以只有又浅又矮的火山锥。

你知道吗？

喀拉喀托火山

1883 年，印度尼西亚巽他海峡的一系列巨大的火山喷发摧毁了喀拉喀托岛。火山爆炸的声音非常巨大，在远在 5000 千米之外的澳大利亚都能听到。爆炸引发的巨大海浪，淹没了爪哇岛和苏门答腊岛上的约 3.6 万人。炽热的火山灰弥漫在大气中，形成了漫天像日落一样灿烂的景观，持续长达数月之久。之后，喀拉喀托火山又再次喷发过。

▲ 大七彩泉位于美国黄石国家公园，是一个硫黄池。它四周的彩带是藻类形成的，池中的微生物很接近于最原始的生命形式。

环太平洋火山带

地球的地壳被分裂成了几个巨大的板块，大多数火山都生成在板块相接的地方。观察地图时你会发现，这些火山连起来像一串红色的珠子，正好描绘出这个板块的边缘轮廓。大多数火山环绕在太平洋周围，这些火山被叫作“环太平洋火山带”。

海底的火山比陆地上的火山多，火山在水下喷发的熔岩往往含有气泡，会凝固成多孔的岩石，这些岩石就叫作“浮石”。

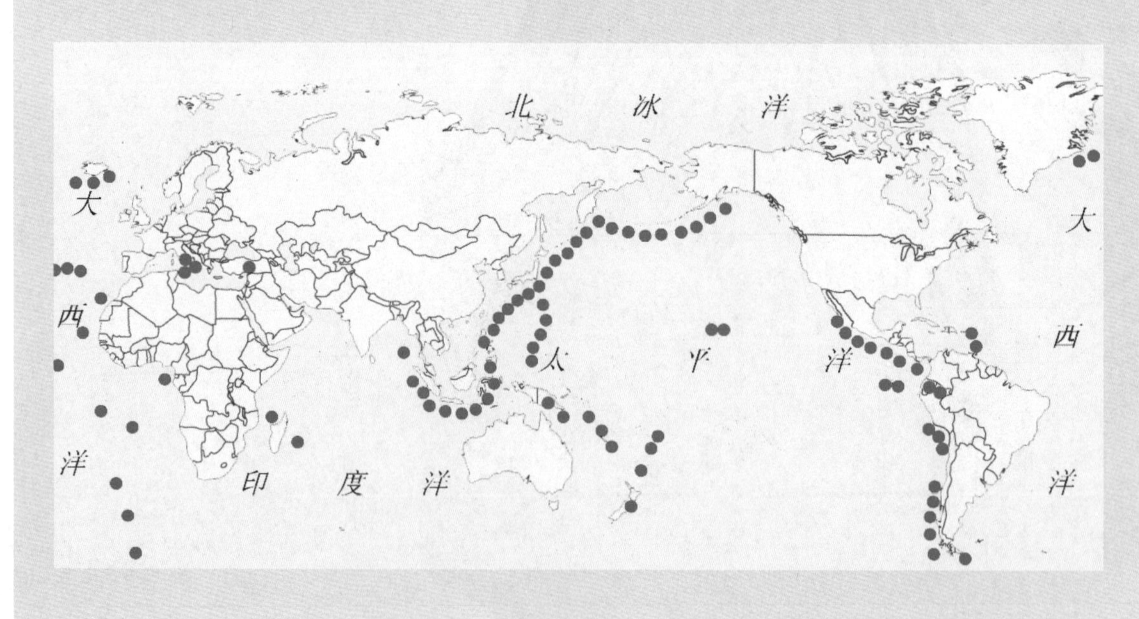

大开眼界

一个岛屿的诞生

1963年，一个新的岛屿突然出现在距离冰岛西南海岸10千米的大海里，这是一座海底火山的顶端，这个岛以挪威的火神——斯特西的名字命名。3年以后，这个火山的活动停止了。

今天，斯特西岛高于海平面175米，已经成了各种各样的动物和野花的家园。

▲ 一堆堆高低不齐的六边形柱子竖立在爱尔兰北部的海岸上，这就是著名的巨人岬，这幅奇特的地貌是数百万年前，快速冷却的玄武岩岩浆形成的。

火山的外形

火山大大小小各种各样，火山的形状取决于喷出的岩浆类型和喷发的力度。

玄武岩是最常见的火山岩之一。炽热的玄武岩稀薄而容易流动，它一股一股地顺着斜坡流下，覆盖了大部分区域，最后冷却并凝固成致密的黑色岩石。地球表面的板块互相移动时会形成裂缝，玄武岩的岩浆就会从这些裂缝里冲上来。许多这一类的火山会出现在海底，实际上，几乎所有的海底火山都是玄武岩构成的。

最猛烈的爆炸通常发生在安山岩火山上。安山岩是一种黏稠质的熔岩，常会在火山坑里凝固，堵住火山的出口，下面岩浆里的气体压力逐渐增大，最终它会猛烈地爆发，冲出地表。堆积的火山灰和黏稠的岩浆筑成了圆锥形的山峰。安山岩火山常发生在地壳板块相互碰撞的地方。由于在南美的安第斯山脉首次发现了安山岩，它由此得名。

▲ 79年，意大利的维苏威火山爆发，罗马的庞贝城被埋在了6米厚的灼热的火山灰下，建筑、物品还有人和动物的形态，都像这只狗一样，在火山灰里一直保存了下来。

火山在活跃了一段时间后，就会进入长时期的休眠静止阶段。一些火山在休眠期会冒烟，但那只不过是一些滚烫的蒸汽逸出而已。

火山喷发时，熔岩流看起来非常可怕，但通常它们流动的速度比步行慢，所以人可以逃离。火山的主要危险源于火山喷向空中的那些东西——滚烫

▲ 蒸气喷泉（间歇泉）一般发生在火山地区，像诺克斯夫人泉就位于新西兰北岛的罗托鲁瓦。其他比较著名的间歇泉有：美国黄石国家公园的老实泉和冰岛的斯托克泉。

▲ 在冰岛斯瓦辛基地热电站，人们用地下的强大热能和蒸汽驱动涡轮进行发电。电站的水流进潟湖，人们在这儿洗澡，认为这种水可以治愈皮肤病。

的蒸汽、炽热的火山灰和岩石颗粒。有时压缩气体引起的爆炸会波及山侧，生成炽热的火山云——这是一团炽热碎片组成的云。火山的蒸汽会凝结成雨水，把火山灰冲向地面，形成稠重的泥流，泥流流经之处，一切都会陷入其中，动弹不得。

喷涌的间歇泉

火山地区，地表下的岩石仍然是滚烫的。雨水渗过岩石，在地穴里集中起来，水被岩石加热到超过沸点时，就开始变成蒸气，蒸汽的压力渐渐增大，最后从岩洞冲出地面，这就是间歇泉。

在有些火山地区，矿物质、土壤颗粒和滚烫的泉水混合起来，形成了泥塘，很多人在里面洗澡，因为他们认为这些矿物质有利于健康。

地震

地面看起来好像十分坚固稳定，但并不总是这样的。地面会不时地发生剧烈的震动，导致建筑物倒塌、道路断裂，甚至使整个山体移动位置。这些剧烈的震动被称为地震。

很多东西都可以使地面震动，例如一辆重型卡车经过、炸弹爆炸或者山崩。然而，地震是由地壳岩石的剧烈运动引起的。这种岩石运动在世界各地每时每刻都在发生，但是大部分震动都相当微弱，以至于很少有人注意到。研究地震的专家（地震学家）利用灵敏的记录仪器才能检测到它们。但是在一些被称为地震带的地区，一年中会产生几次强有力的运动，导致强烈的地震。这些强有力的震动通常是由组成地壳的巨大板块之间的挤压摩擦引起的。

地壳是由大约 20 个巨大的岩石板层组成的，这些岩石板层被称为构造板块。在板块相遇的地方，板块边缘会不断地相互摩擦。有时，它们一点一点地平稳滑动，但是还有些时候，它们会挤压在一起数年甚至数十年，板块间的挤压力不断增大。最后这种压力变得非常巨大，导致板块边缘的岩石碎裂，板块之间也突然发生剧烈的颤动，并朝各个方向释放出震动波。这些震动波可以在地表被人们感受到，这就是地震。

地震的破坏性

地震起源的地方称为震源，地震中产生的地震波在靠近震源的地方最为猛烈和急剧，距离震源越远，地震波越微弱。灵敏的记录地震波的仪器称为地震仪，它能够探测到发生在地球另一端的大地震所产生的震动。在距离震源几千千米外的地方，人们最多只能注意到窗户发出的格格声，以及盘子发出的叮当声，就好像有一辆重型卡车经过一样。但是距离震源越近，所受的影响就会越强烈。

在距离震源几百千米的地方，震动的剧烈程度就足以毁坏工厂的烟囱，震落房顶的瓦片。距离震源 50 千米的地方，即使非常坚固的建筑物也可能会开始摇晃，公路上可能会出现裂缝。距离震源 20 千米的地方，用砖砌成的建筑物可能会被震倒，桥梁可能会断裂，大坝也会开裂。

如果正好在震源处，将会遭到全面的破坏，所有的建筑物都会倒塌，铁轨会扭曲弯折，汽车会被抛向空中。

最大的地震可以移动山体。1923 年 9 月 1 日，日本沿海地区遭受了一次特大地震袭击，导致相模湾的海床下沉了 400 米。但地震中最大的危害不是地面运动，而是建筑物倒塌，以及电线折断、燃料溢出引起的难以扑灭的大火。在 1923 年的日本地震中有将近 15 万人丧生、57.5 万幢房屋被毁。1976 年的中国唐山大地震和 2008 年的中国汶川地震，也带来了巨大的灾难。

大开眼界

大地震

在地球上每年可以探测到的地震有 50 多万次，其中只有大约 1000 次能够造成一些破坏。1960 年 5 月 22 日发生的智利大地震，它的震级到达了里氏 8.9 级。这是有记录的最强地震之一。当然，在现代地震仪发明以前可能发生过更大的地震。

地震的测量

地震的大小可以用多种不同的方式来度量，度量的标准被称为地震烈度表。目前全世界通用的有几种不同的烈度表。我国根据宏观的地震影响和破坏现象按 12 个烈度等级划分烈度表，用罗马数字 I ~ XII 分别表示地震的 12 个烈度级别。中国最新地震烈度表是 1990 年重新编订的。地震学家使用一种叫地震仪的仪器来测量地震波的强弱（震级）。测量值用里克特震级（里氏震级）来表示，从 1 级到 9 级不等。通常震级达到里氏 6 级以上的地震才能产生破坏。

中国地震烈度表

烈度	现象
I	没有感觉。
II	室内个别静止的人有感觉。
III	室内少数静止的人有感觉，门、窗轻微作响，悬挂物微动。
IV	室内多数人有感觉，室外少数人有感觉。少数人梦中惊醒，门、窗、器皿发出声响，悬挂物明显摆动。
V	室内人普遍感觉，室外多数人感觉。多数人梦中惊醒，门窗、屋顶、屋架颤动，灰土掉落，不稳定器物翻倒。
VI	惊慌失措，仓皇逃出。多数房屋损坏，个别砖瓦掉落、墙体细裂缝。河岸和松软土地上出现裂缝，饱和砂层出现喷砂冒水，烟囱出现轻度裂缝。
VII	多数人仓皇逃出，多数房屋局部破坏、开裂，但不妨碍使用。河岸出现坍方，饱和砂层喷砂冒水，松软土地裂缝较多，多数烟囱被中等破坏。
VIII	摇晃颠簸，行走困难。大多数房屋结构受损，需要修理。干硬土地上出现裂缝，大多数烟囱被严重破坏。
IX	坐立不稳，行动的人可能摔跤，大多数房屋墙体龟裂、局部倒塌、修复困难。干硬土地上许多地方出现裂缝，基岩上可能出现裂缝，滑坡、塌方常见。烟囱出现倒塌。
X	骑自行车的人会摔倒，处于不稳状态的人会有被抛起感。大多数房屋倒塌，山崩和地面断裂出现，基岩上的拱桥破坏。大多数烟囱从根部破坏或倒毁。
XI	大多数房屋被毁，地震断裂延续很长，常见山崩，基岩上的拱桥毁坏。
XII	地面剧烈变化，山河改观。

地震带

世界上主要的大地震大多发生在地球的构造板块的边缘。图中展示了地球上的主要板块，以及6年里发生大约30000次地震的地震中心。这个被称为“火环”的环太平洋地震带，发生地震的次数比地球上其他任何地方都要频繁。

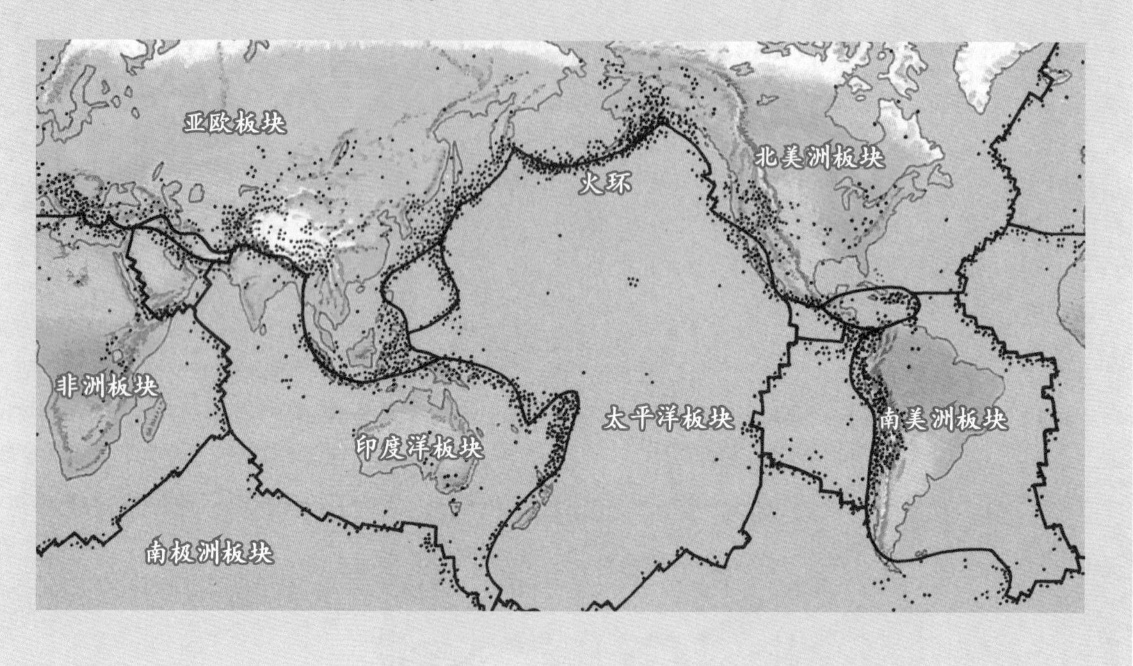

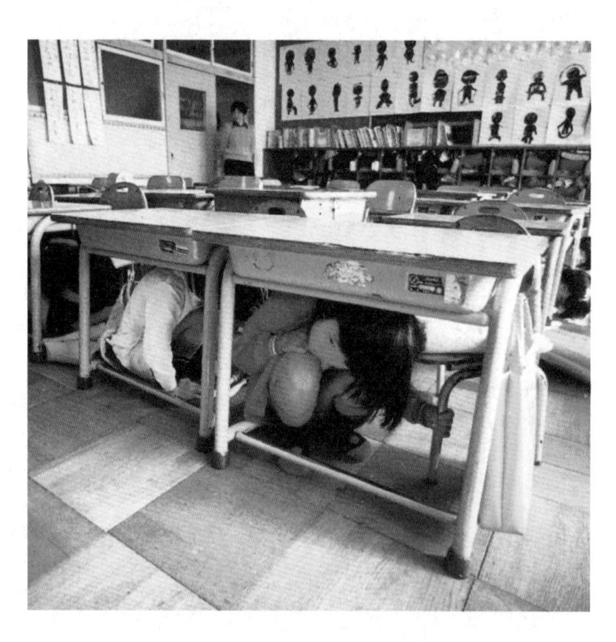

▲ 日本是个多地震的国家，每个人从小就在学校里接受地震应急逃生训练。

地震中心

震源通常在地下的某一深度。地震一般根据震源距离地表的深度来分级。深度小于70千米的称为浅源地震，深度在70千米到300千米之间的称为中源地震，深度超过300千米的称为深源地震。地震的振动只有在到达地表时才能被感觉到，因此地震起源处距离地表越近，人们感觉到的地震就越强烈。因此浅源地震往往是破坏性最大的。

震源正上方地表处的地震最为剧烈。这一点称为震中，地震波会从这一点沿地表向四面八方传播。

▲ 这个激光系统用来监测位于美国加利福尼亚州的圣安地列斯断层的运动情况。激光可以检测出不到1毫米的地球运动。

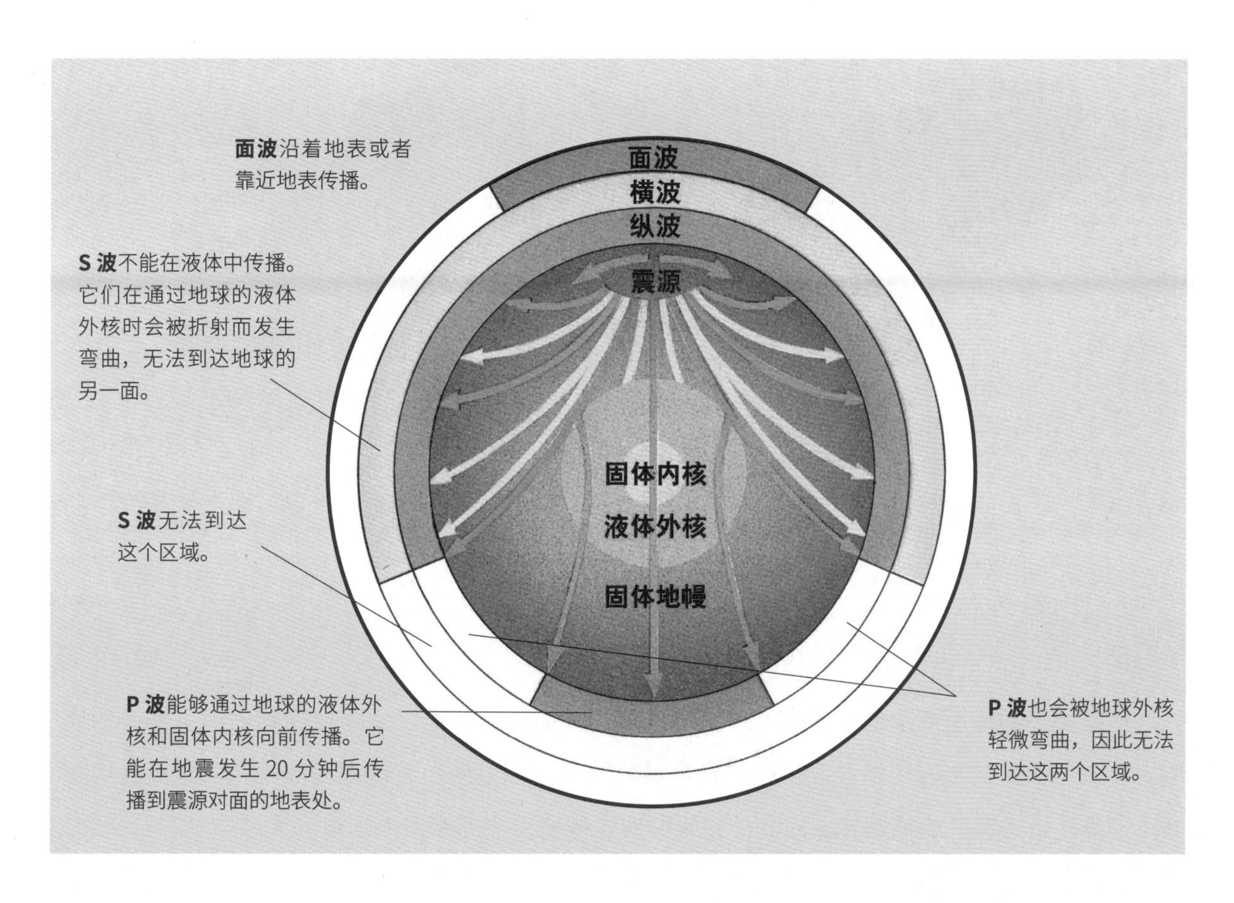

地震波

地震波有各种类型，每种类型的地震波产生的影响都略有差别。体波在地下深处传播，而面波沿着地表或者靠近地表传播。

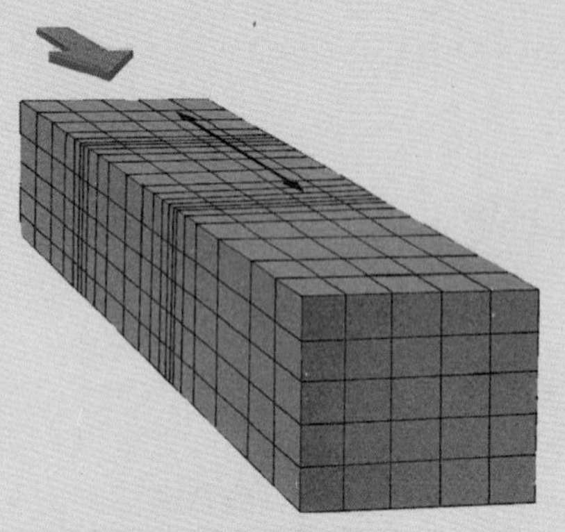

传播速度最快的体波是纵波，也称 P 波。它是通过拉长和挤压岩石进行传播的。纵波的速度大约是 5 千米 / 秒。

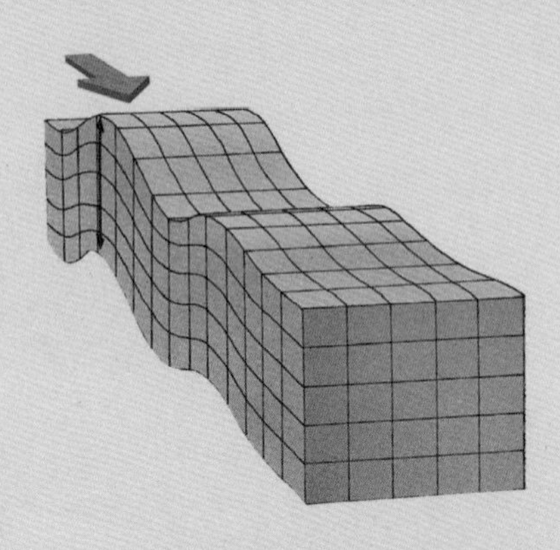

传播速度稍微慢一些的体波称为横波（S 波）。横波使岩石上下运动，运动从一端传到另一端，就像一根跳动的绳子。

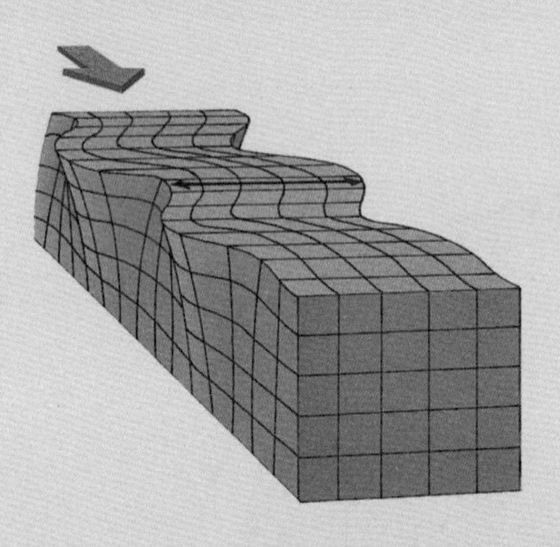

面波的主要类型之一称为勒夫波（L 波）。勒夫波使地面左右摇晃。

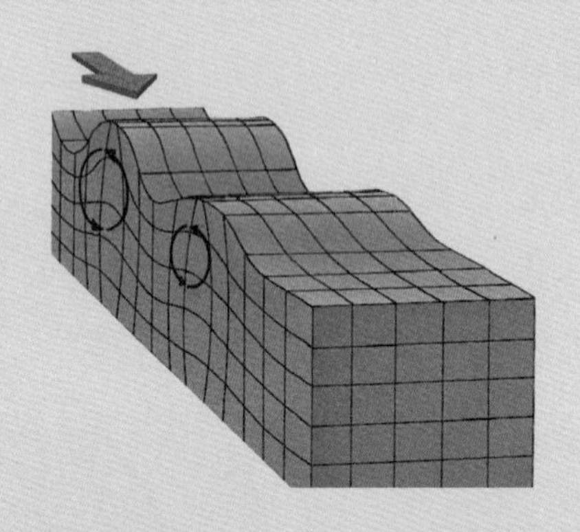

瑞利波也是一种面波。它使地面上下起伏，就像海里的波浪一样。

地震波

地震波是地震所产生的振动波。一些地震波（称为体波）可以迅速穿透地表以下深处的地层。体波以惊人的速度传播，仅在地震发生一分钟后就可以使距离震源 300 千米的地面发生震动。但真正造成破坏的地震波是面波，它紧贴地表传播，速度缓慢但力量强大。

地貌的变迁

我们脚下的土地是时刻运动着的。在你读这篇文章的时候，大陆就在不断分裂或互相撞击，新的大洋不断扩张，而旧的大洋逐渐消亡。整个地球表面都在不断运动——速度缓慢，但是力量惊人。

早在17世纪，科学家们就注意到非洲西海岸和南美洲东海岸看起来非常相似。如果把它们放在一处，它们就像拼图一样衔接得天衣无缝。更令人惊奇的是，不仅它们的海岸线刚好吻合，而且交界处的高山和岩石也刚好吻合，甚至大西洋两岸的岩石中的化石都是相同的。例如在南美洲和非洲的岩石中都发现了灭绝已久的爬行动物——中龙的化石，这种生物生活在2.6亿年以前。

▲ 这是蕨类植物舌羊齿的叶片化石。这类植物的化石在南半球的各个角落均有发现，如澳大利亚、南极洲、印度、非洲和南美洲，这说明上述分散的大陆曾经是一个整体。

▲ 位于夏威夷大岛上的莫纳罗亚火山爆发的景象异常壮观。太平洋板块在地球内部的一个炽热区域上方运动，由此形成了夏威夷火山岛链。

两个大陆之间惊人的相似性使科学家们开始认为，这两块陆地曾经是连在一起的。事实的确如此，而且科学家发现，世界上所有的大陆过去可能都是连接在一起的。在不同国家找到的化石，显示了过去生活在同一片陆地上的生物，现在却被大陆之间的海洋分开，相隔千里。另一类古老的爬行动物——水龙兽的化石，不仅在非洲、中国和印度被发现，而且也存在于南极洲。

大开眼界

活动的大洲

各个大洲已经移动了很长的一段路程！经过漫长的漂移，现在大洋洲距离它从前的邻居——南极洲已经有 6000 多千米了。而南极洲与它的另一个邻居——非洲如今也只能遥遥相望了。现在位于北极圈内的斯匹次卑尔根群岛（挪威属地）在 2.5 亿年前曾经地处热带——在这个冰天雪地的岛屿上，现在仍然能找到古老的热带蕨类曾经存在的证据。

所有的证据都显示，世界上的众多大陆曾经是一个连在一起的超级大陆，称为泛古陆。这个超级大陆被一个超级大洋所包围，称为泛古洋。但是大约 2 亿年以前，泛古陆开始碎裂，首先分裂成两个大的板块——分别叫作劳亚古陆和冈瓦纳大陆，然后再继续分裂成更小的板块，从而形成了今天的各个大洲。

变化的地球

2 亿多年前，地球上所有的大陆都连在一起，构成一个超级大陆，地质学家称这个大陆为泛古陆。渐渐地，各个大陆开始分离，形成了今天我们看到的世界大陆格局。现在，科学家们试图推测地球的各个板块未来将如何分布。

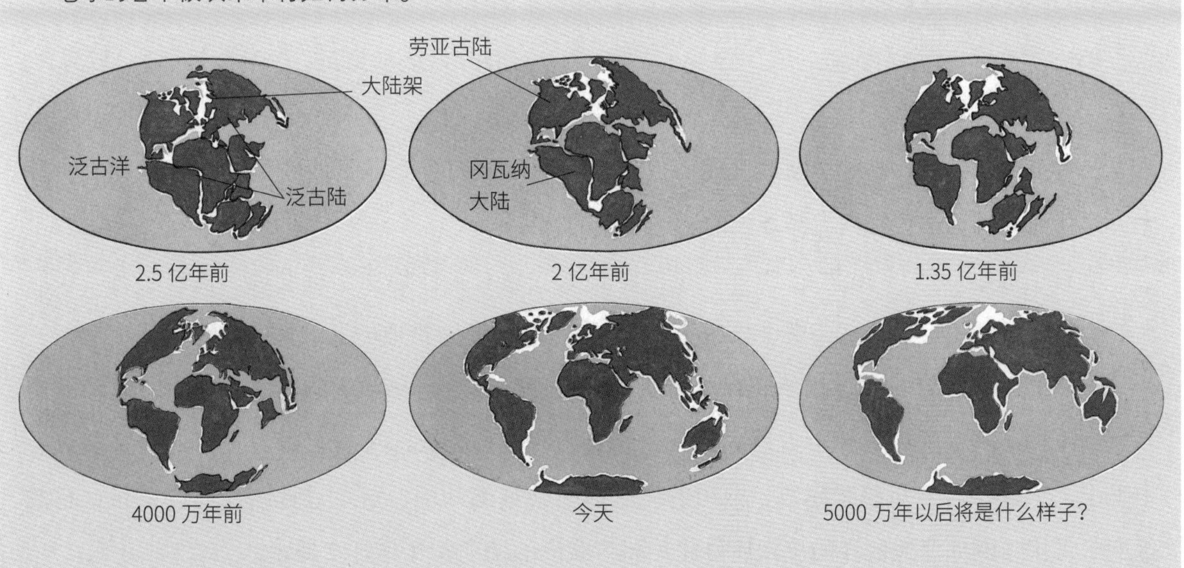

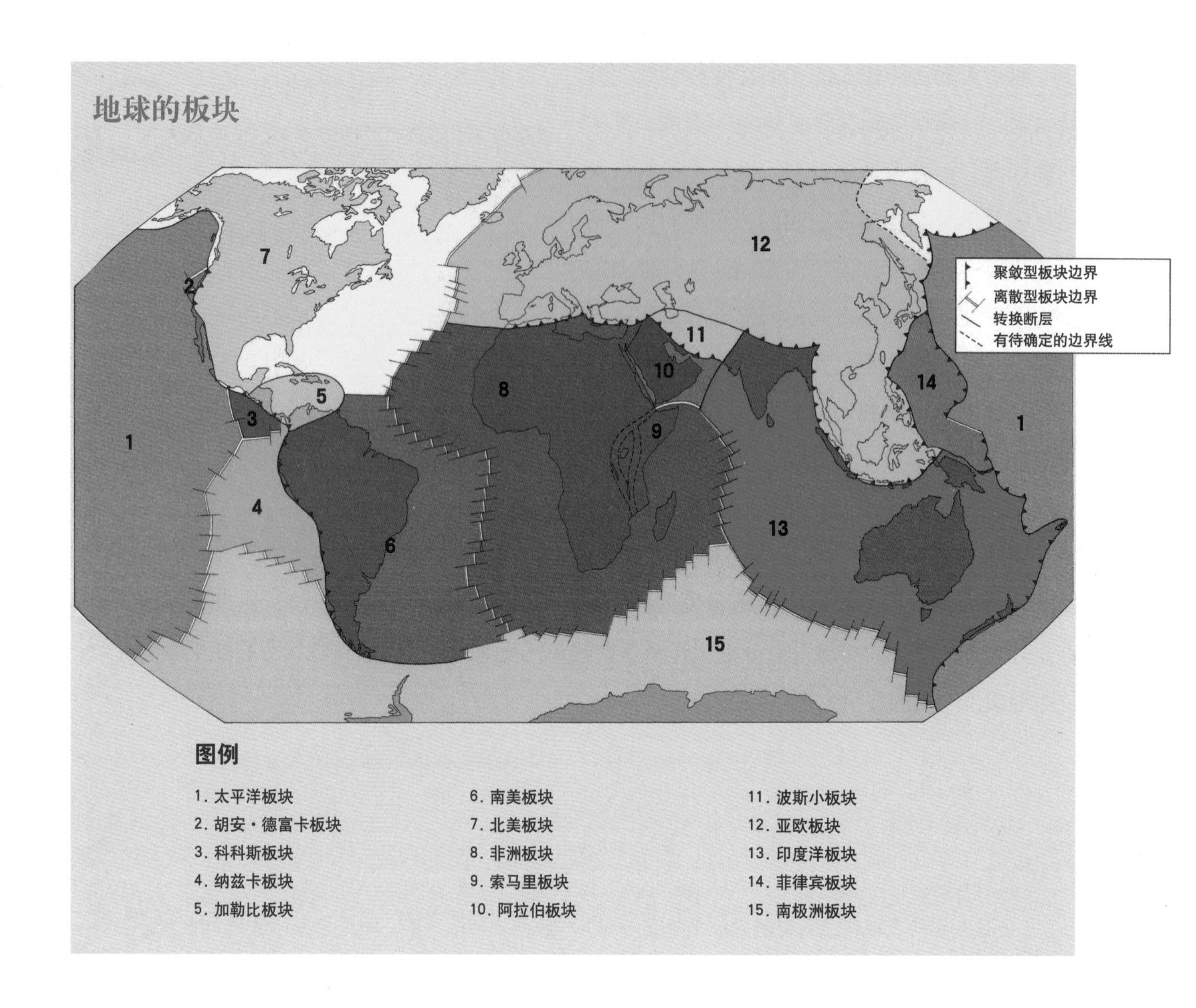

扩张的海洋

20 世纪 60 年代，地质学家们发现不仅大陆在运动，而且海洋下面的地壳也在运动。实际上，大陆地壳的运动就是由海洋地壳的运动带动的。

所有这些运动都与 20 世纪 50 年代的一个惊人发现有关。地质学家发现，在海底有一条巨大的裂谷蜿蜒环绕世界，这条裂谷长达 6.5 万千米，是迄今为止地球上最大的地理奇观。

炽热的熔融态岩石通过这条裂谷不断从地球内部喷出。与海洋中的冷水相遇后，熔融的岩石就会凝固，在裂谷的两侧形成巨大的新生岩石山脊，称为大洋中脊。随着更多的岩浆从裂谷中喷出，大洋中脊变得越来越宽，两边的海底地壳就被推开了。这个过程叫作海底扩张，它的速度非常快，例如北大西洋的扩张使得北美洲与欧洲的距离每年增加 2 厘米。

随着新的海洋地壳在海洋中心不断形成，老的地壳往往在边缘消失。在一些地方，运动的海洋地壳会与大陆地壳发生挤压，海洋地壳会沉入地球内部。这个过程称为隐没作用。

构造板块

在研究大陆漂移和海底扩张的时候，地质学家们认为仅仅把地球表面看成大陆板块和海洋板块是错误的。实际上，地球的表面就如同一个破碎的鸡蛋壳。海洋板块和大陆板块只是地球厚厚的刚性外壳——岩石圈的上层。这种外壳分裂成许多块体，称为构造板块。各个大洲就嵌在这些板块中。

地球上有九个大的构造板块，另外还有许多

你知道吗？

火山岛

有一些剧烈的火山喷发是由隐没作用引起的。在两个海洋板块聚合的地方，可能会有一个板块被挤压到下面。随着这个板块下沉到炽热的地球内部，板块开始熔化。大量炽热的熔融态岩浆从熔化的板块处向上奔流，冲开上面的板块。当岩浆喷涌到地表时，就会产生一系列的喷发性火山。有时这些火山会沿着板块的边缘形成一个火山岛弧，例如在菲律宾和日本就有这样的火山岛弧（图中显示了其中的一部分）。

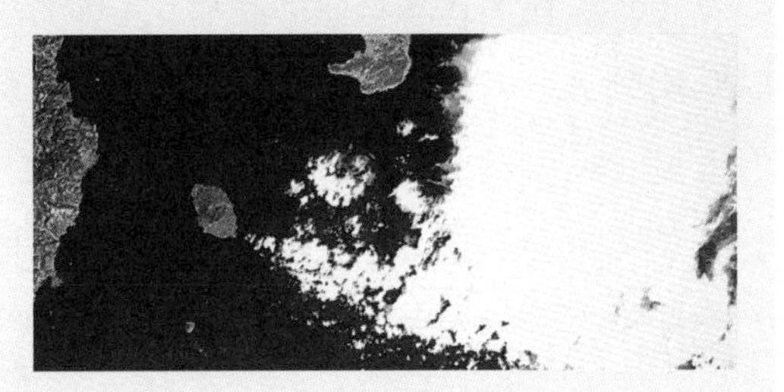

升降运动

从海底裂隙中喷发出来的红热岩浆是海洋板块运动的部分原因。岩浆凝固而成的岩石形成大洋中脊，从而推动海洋地壳向外运动，直到与大陆地壳相遇，这个过程被称为海底扩张。运动的板块与另一个板块相撞，该板块可能被挤压到地球内部——这种现象叫作隐没作用。

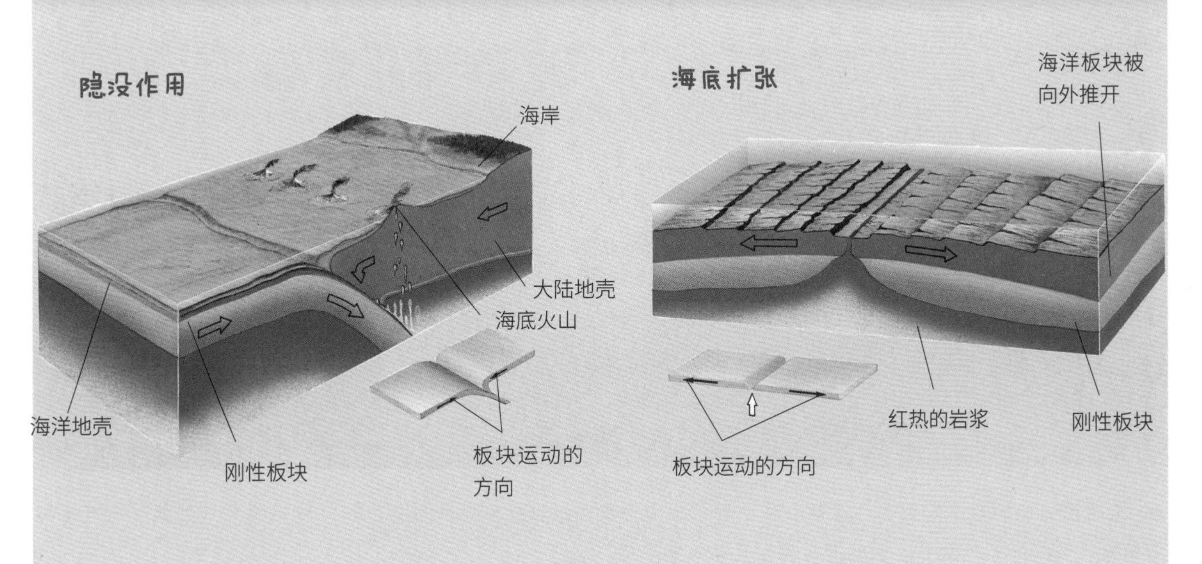

小的构造板块。它们不断运动，相互挤压碰撞。在海底扩张的地方，板块彼此分离，这样的板块边界被称为离散型板块边界；在另外一些地方，板块会相互挤压，一个板块会在隐没作用中被挤压到地球的内部，这样的板块边界被称为聚敛型板块边界；还有一些地方被称为转换断层，断层的两边彼此错开，例如美国加利福尼亚州的圣安地列斯断层。

▲ 美国加利福尼亚州的圣安地列斯断层是一个转换断层，在这里两个板块相互错开。在断层处立起的桩子可以记录断层的运动，作为地震预测的依据。

板块的运动非常缓慢，只有通过激光技术才能探测到。科学家们用从卫星上发射出的激光测量各个大陆之间的距离，其数据可以精确到厘米。尽管板块的运动速度很慢，但力量是巨大的。在板块碰撞或边缘断裂的地方，地震、火山频发，山脉开始形成。例如在4500万年以前，当印度——澳大利亚板块与相邻的亚欧板块发生碰撞时，喜马拉雅山脉形成了。

▲ 板块运动的力量是巨大的，很多山脉就是在板块相撞或边缘断裂的时候形成的。当海洋板块纳兹卡与南美板块相撞并被挤压到下面时，智利境内的安第斯山脉形成了。

海洋

地球表面有2/3的面积都被海洋覆盖。一直以来，海洋的深处对于我们就像遥远的星辰一样神秘。但是，随着科学家们对海洋底部的探索，他们发现在海底也有巨大的山峰、深深的峡谷，以及开阔的平原。

“海（sea）”和“洋（ocean）”通常都是一样的含义。不过，“海”比“洋”小得多，也浅得多，而且它们都部分或全部被陆地环绕，如地中海。全世界有四大洋——太平洋、大西洋、印度洋、北冰洋。它们彼此相通，连成了一片巨大的、连续的水域。在这些海洋中，世界七大洲看上去只不过像一些岛屿。

从海洋边缘到中心，它的深度并不是有规律地增加。实际上，每一片海域都像一个有边缘的水池。这些海洋边缘被称为大陆架，它们是陆地边缘一条窄窄的浅海区域。从这里开始，陆地逐渐平缓地倾斜，形成一个水下200米左右深度的斜坡。大陆架平均宽约7万米，但是在西伯利亚的北部海岸，向北冰洋延伸的大陆架宽达90万米。

在大陆架边缘，海床突然变陡，以一种险峻的坡度向下倾斜，深达2500米，但是不到2万米，这一部分被称为大陆斜坡。在大陆斜坡上，有一些很深的地质裂缝，被称之为海底峡谷。它们是由混浊流（海底崩塌的泥石流）冲击出来的，混浊流是由陆地上的地震和洪水引发的。

在大陆斜坡下面，是一条楔形地带，被称为大陆隆。它是由混浊流冲击下来的泥和沙形成的。在大陆隆的底部，才是真正的洋底。这片巨大的深海平原距海洋表面约有4000多米，或者更深。阳光照耀不到这么深的地方。

你知道吗？

海底探测

一直以来，科学家们对洋底都所知不多。但是从20世纪50年代开始，深海探测技术就取得了卓越的进步。在这些新技术（有人操纵的小型水下交通工具，即深海潜水器；无人操纵的ROV，即远程控制潜水器）的帮助下，科学家们能够进一步地探测到海洋深处。像法国的“鹦鹉螺号和俄罗斯的”和平号深水潜水器，都载人潜到了海下6000多米的深处。美国海军的深海潜水器“的里雅斯特号”（一种大型的潜水器，有一个观测舱），1960年在太平洋的马里亚纳海沟，潜到了1万多米的深处。

这个潜水艇可以下潜到海中 454 米左右的深度。它可以利用自己独特的“机器人手臂”探测海底，或者寻找从船上泄漏出去的物品，如有毒废物。

声呐的奥秘

海底的秘密世界正在逐渐被揭开。为了绘制洋底地图，科学家们现在利用能够发出声音脉冲的声呐探测器——声呐的意思是：声波、导航、测距。无论这些脉冲碰撞到洋底的什么地方，它们都会产生回音。通过回音模式能够描绘出洋底的形状，显示像海山、海沟这样的地形特征。回音返回来需要的时间，还能帮助科学家们测量洋底的深度。声呐不仅仅对绘制海底地形图有用，它也能帮助人们寻找失事的船只，被埋藏在海里的珍宝，尚未开采的矿产，以及战争中遗留下来的没有被发现的炸弹。

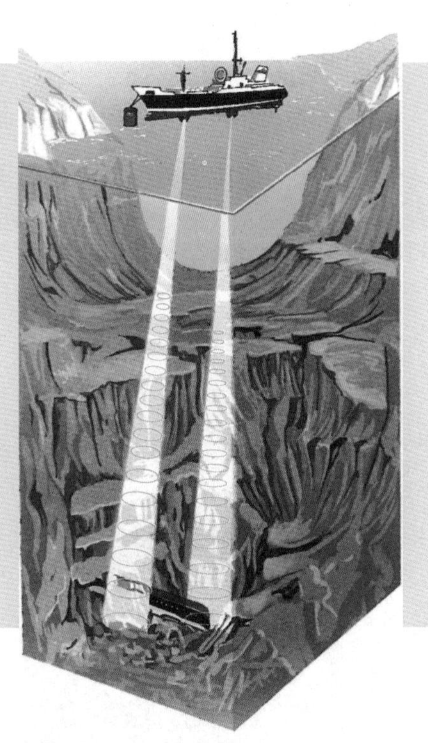

大开眼界

海底高原

实际上，全世界最高的山并不是珠穆朗玛峰，也不是喜马拉雅山系中的其他任何一座山峰，而是太平洋中部夏威夷岛上的莫纳克亚火山。在地图上，这座山高约 4205 米，但这只是它的海拔高度（从山巅到海平面的距离）。因为它屹立在大洋中，所以，从海平面到洋底，它另外还有大约 5000 米。也就是说，从这座火山位于洋底的根部算起，直到山巅，它的实际高度大约有 9205 米。这难道不是比珠穆朗玛峰（8844.43 米）还高吗?

▲ 美国的“阿尔文号”潜水艇能够下潜到 4000 米左右的深度，它是在 1964 年建造的，执行、完成过不少深海探测任务，包括发现并寻找“泰坦尼克号”沉船的残骸。

海底山脉

深海平原是地球上最平坦、最没有地形特点的地方。所有的海底山脉和峡谷都在很久以前被埋在了厚厚的、泥泞的海底软泥下。这层海底软泥是由无数微小的海洋生物的遗体组成的。每个世纪，软泥的厚度大约增加 1 毫米，几百万年过去了，有些地方的软泥厚度已经达到了 500 多米。

但是，深海平原并不是完全没有特色。在这里，能够不时地看到一些海山。海山是古老的火山，它们伫立在海底，高度约有 1000 多米，或者更高。因为海洋太深了，所以海山的山峰仍

海底景观

海底的景致是神秘的，它可能比陆地上的任何一处地方都要引人入胜。这些独具特色的地形构成，都是由沿着大洋中脊的火山喷发导致的。全世界大约有 80% 的火山活动都发生在海底。

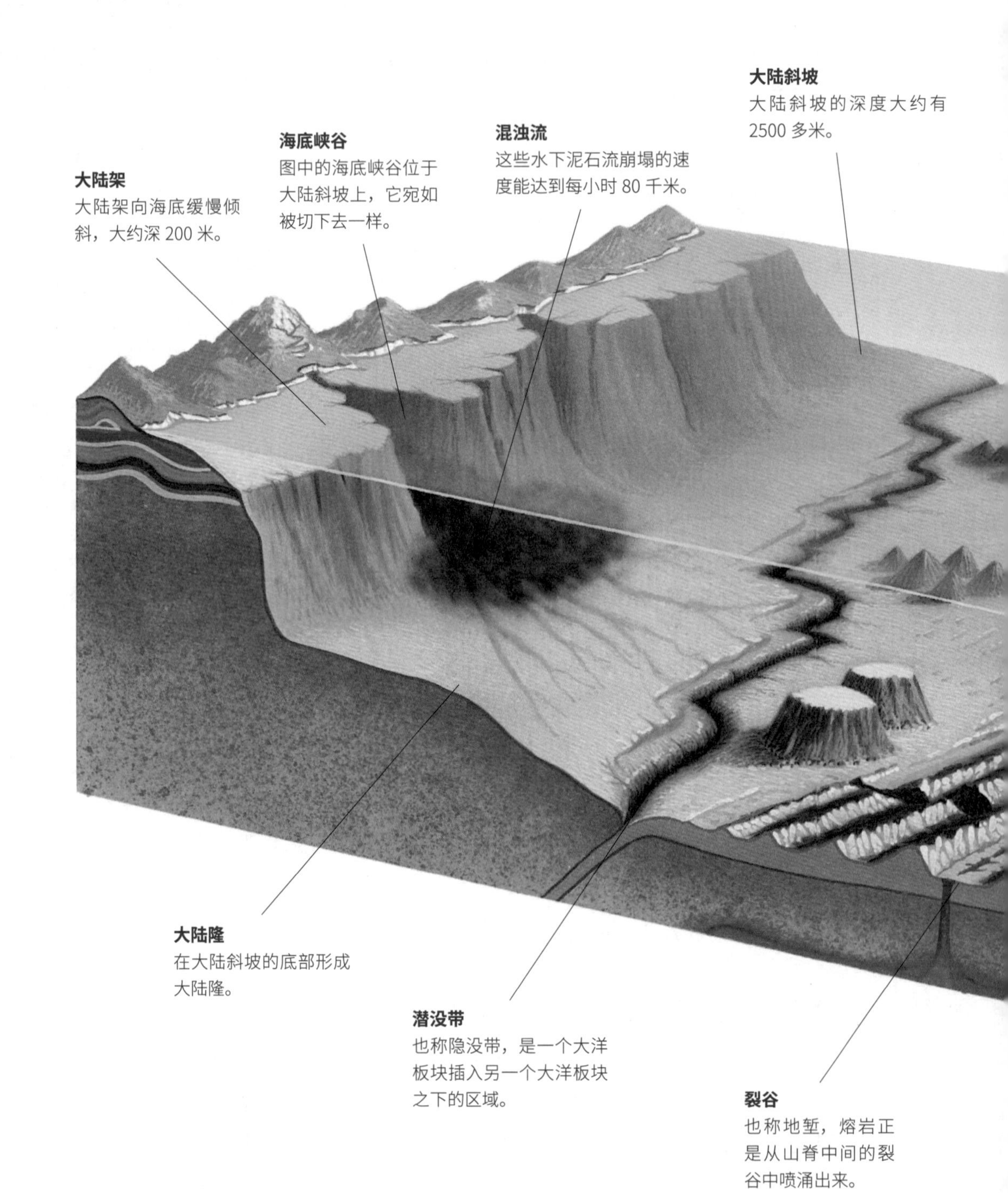

▶ 像这种凹凸不平的块状熔岩覆盖了海底的大部分地区。它们是在大洋中脊喷发的时候形成的。当炽热的熔岩流与冰冷的海水相遇时，它的表面会冷却形成坚硬的岩石壳，然后内部再逐渐冷却凝固。

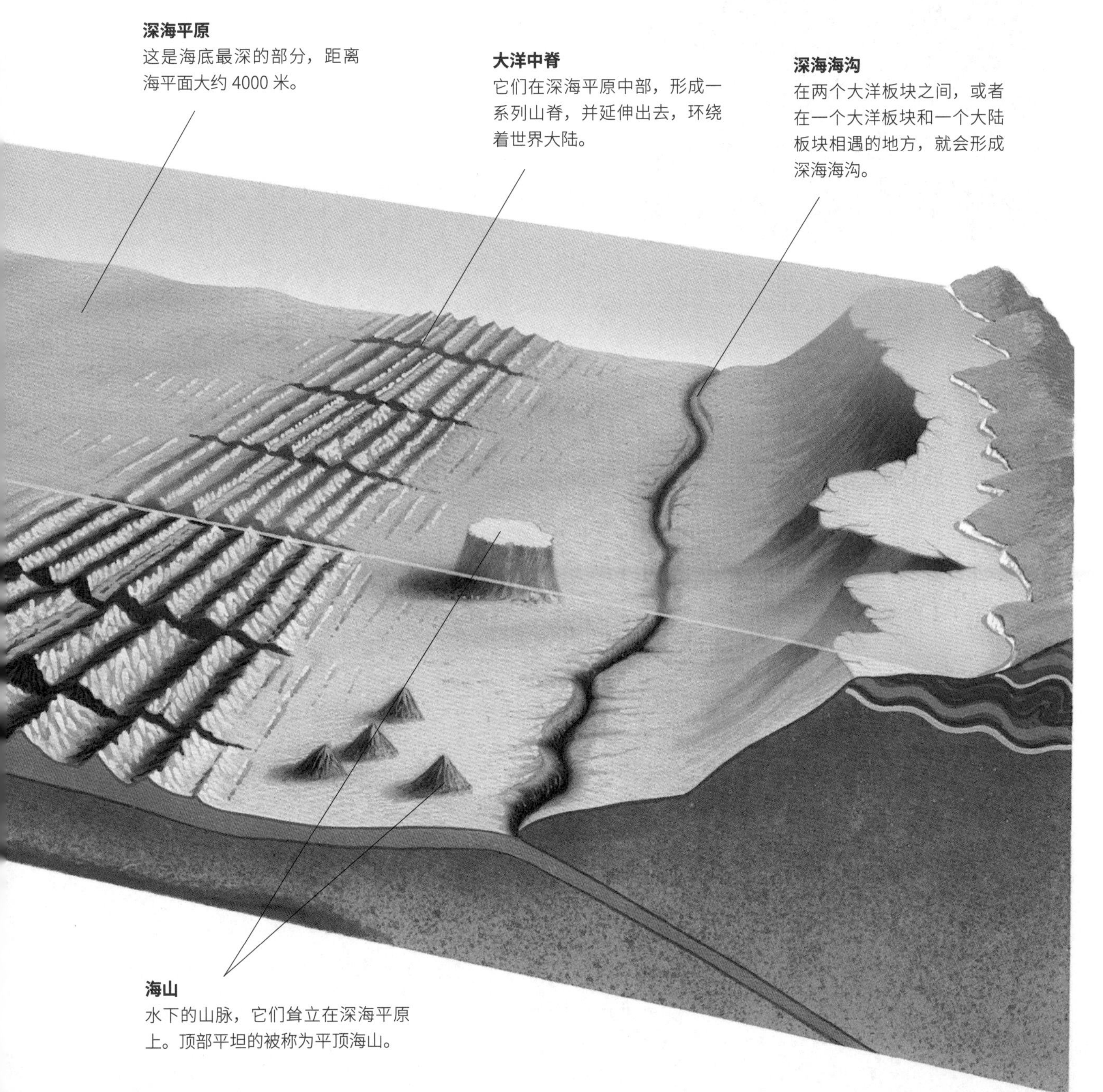

深海平原
这是海底最深的部分，距离海平面大约4000米。

大洋中脊
它们在深海平原中部，形成一系列山脊，并延伸出去，环绕着世界大陆。

深海海沟
在两个大洋板块之间，或者在一个大洋板块和一个大陆板块相遇的地方，就会形成深海海沟。

海山
水下的山脉，它们耸立在深海平原上。顶部平坦的被称为平顶海山。

▲ 在埃及和阿拉伯半岛之间的红海中，阳光照耀着这群绯鲵鲣（一种海鱼），从海平面下 1000 米开始，阳光就再也照耀不到了，那里的水域一片漆黑。

你知道吗？

深海海沟

地球表面最深的地方是深海海沟。许多海沟深达 8000 ～ 10000 米。在这样的深度中，海水压力巨大，水域中一片漆黑，而且异常冰冷。最深的海沟是太平洋海底的马里亚纳海沟，它位于菲律宾群岛的东海岸处，蜿蜒长达 2500 多千米。它的最深点“查林杰深渊”（挑战者深渊）的深度是 10911 米。

深海海沟通常位于两个大洋板块，或者一个大洋板块与一个大陆板块的交接之处。通常这两个板块会相互挤碰，产生巨大的力，于是其中一个板块被挤进地球内部并熔化，这个过程被称为潜没。当一个板块插入另一个板块之下时，海沟就形成了。

然远远低于海平面。最大的海底平顶山位于大西洋的东北区域，它有 4000 多米高，但是仍然被完全淹没在海水之中。

顶部平坦的海山，被称为平顶海山，它们大概曾经浮现在海平面上形成岛屿。海面汹涌的波浪削平了它们的顶部。后来，随着海床下沉，它们也沉到了海平面之下。如今，大多数平顶海山，都距离海平面约 1000 ~ 2000 米。

大洋中脊

洋底最显著的特征大约是在 40 年前发现的。它是世界上最长的山脉，一条难以令人置信的水下山脊的长链，蜿蜒 6.5 万千米，横贯大洋中部。它穿过大西洋，绕非洲进入印度洋，又绕澳大利亚进入太平洋。组成这条山脉的大洋中脊非常崎岖，不像它周围平坦的深海平原。在每个山脊的中部，都有巨大的凹槽，被称为裂谷（地堑）。这些山脊是由于海底深处又红又热的熔岩上涌、喷发，经海底峡谷冷却凝固成岩石，然后形成的。

现在，地质学家们已经知道，就像破碎的鸡蛋壳一样，地壳破裂成为几大板块。这些巨大的板块形成了每个大洋的洋底，大洋中脊的裂谷就是每两个板块之间的裂缝。当熔岩上涌到这些裂谷，就会为板块的边缘地带增加一些新的物质，而这种作用力又会推动板块彼此分开。随着板块分离，洋底越来越宽，这就是海底扩张的过程。

海底扩张的速度非常缓慢，但是当经过了很长的时间后，它就能让海底的大小变得完全不同。4000 万年前，大西洋还很狭窄，纽约距离伦敦只有几百千米。但从那以后，大西洋越来越宽，纽约和伦敦每年会分开大约 2 厘米。

洋流

海洋中的水在不停地运动着。海洋表面的狂风席卷波浪，能使巨大的水体移动好几千千米，这被称为洋面流。在开阔的海洋中，洋面流会循环流动好几千千米（环流）。在北半球，大洋环流按顺时针方向移动；在南半球，大洋环流按逆时针方向移动。这些洋流对天气变化都有显著影响。

在海洋深处也有洋流，被称为深海洋流。它们是由不同的水体密度引发的运动。寒冷的、含盐量大的海水密度大，会沉到温暖的、含盐量低的水体下。两极地区的冰水下沉，在洋底推动着寒冷的水体向热带地区移动。同时，热带地区温暖的水体，又会沿着洋流表面流向两极地区。整个海洋水体就这样不停地循环运动。

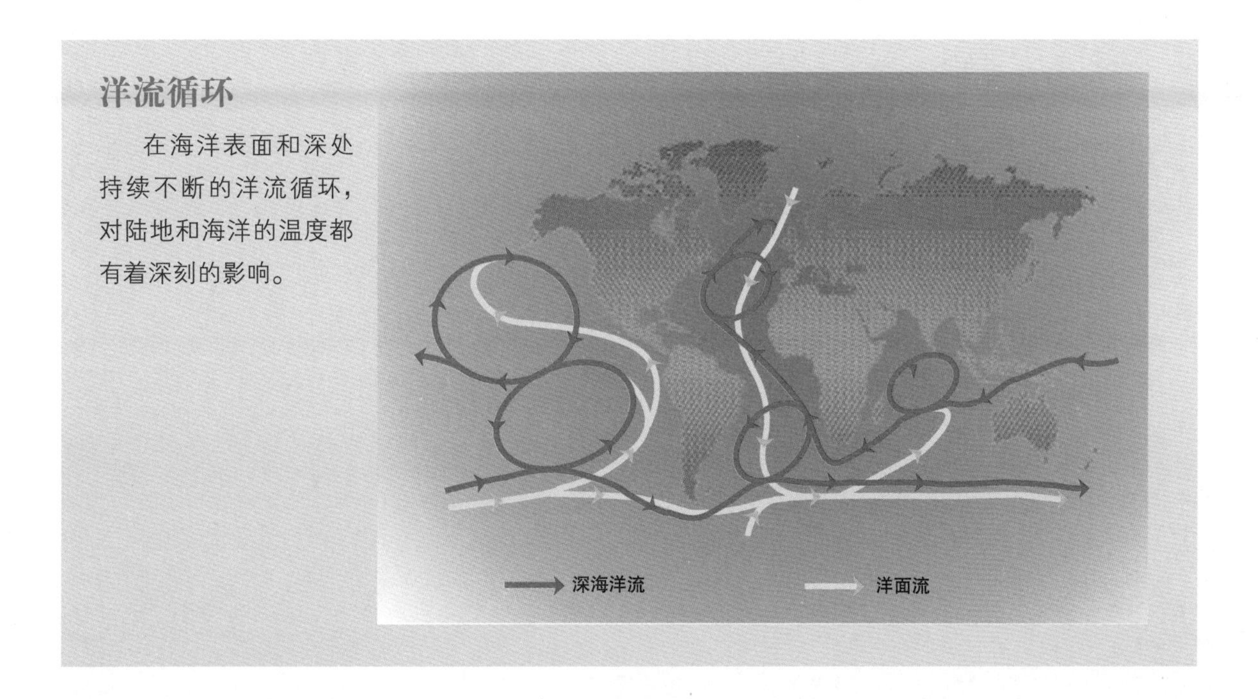

洋流循环

在海洋表面和深处持续不断的洋流循环，对陆地和海洋的温度都有着深刻的影响。

▲ 在南极，一艘破冰船正航行在冰冻的海面上。在全世界的海洋中，大约有10%被冰雪覆盖，尤其是在寒冷的冬天，极地区域有更多的地方被冰雪覆盖。

沙漠

全世界有超过五分之一的陆地表面覆盖着沙漠。一些沙漠是地球上最热的地方，在那里，酷热的阳光日复一日地炙烤大地；另一些沙漠则是严寒的荒地，在那里，冬天的温度往往会猛跌到冰点以下。大部分沙漠都非常干燥，因为在沙漠中，雨水罕至。

世界上的大沙漠大多分布在热带地区，例如最大的撒哈拉沙漠。在北非，这片面积达900多万平方千米的贫瘠沙漠和岩石地带，从西部一直延伸到东部。在世界上的热带纬度地区，也分布着包括喀拉哈里沙漠和纳米布沙漠在内的另一些非洲大沙漠，还有澳大利亚的维多利亚大沙漠等。

这些热带沙漠都位于高气压带，那里的气候总是稳定而晴朗的。由于天气极热，即使有少量雨水，也会在刚降下来时就被蒸发掉了。比如苏丹沙漠，由于在夜间热量会很快散逸到空中去，所以会异常寒冷，但那里的平均气温终年都在30℃以上。

还有一些沙漠深处内陆，来自海洋的饱含雨水的风，很少能吹到那里。另一些沙漠，如亚洲的戈壁沙漠和南美洲的阿塔卡马沙漠，坐落在群山的避风处，也不会有降雨。一些沙漠虽然位于沿海，但冰凉的海流会使那里的空气变得干燥。

并非所有的沙漠都是炎热的，北极和南极的荒漠被冰雪覆盖。那里的气候非常寒冷，每年的降雨也不比撒哈拉沙漠多。但人们谈起沙漠，往往指的都是炎热的沙漠。

▲ 如同图中这片位于摩洛哥的沙漠，许多沙漠地区都是被称为“沙质沙漠”的沙海。这些巨大的波涛状的沙丘，差不多都有几百米高。

世界上酷热的沙漠

世界上许多陆地都被酷热的沙漠覆盖。由于降雨量不同，沙漠边缘也会不断随之改变。现在，随着气候和人类活动的变化，被沙漠覆盖的地域也在不断扩展。

1. 莫哈韦沙漠
2. 阿塔卡马沙漠
3. 撒哈拉沙漠
4. 纳米布沙漠
5. 卡拉哈迪沙漠
6. 内夫得沙漠
7. 鲁卜哈利沙漠
8. 塔拉库姆沙漠
9. 塔克拉玛干沙漠
10. 巴丹吉林沙漠
11. 大沙沙漠
12. 维多利亚大沙漠

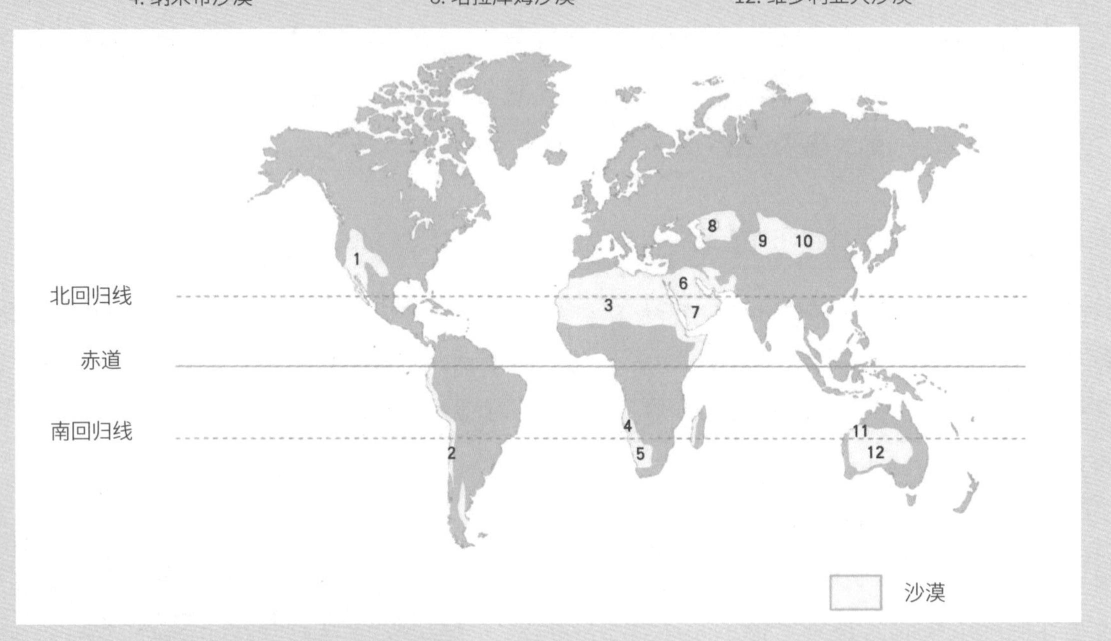

大开眼界

最热的地方

非洲的撒哈拉沙漠，最高温度55℃。埃塞俄比亚沙漠中的达洛，那里的年均气温，包括夜间在内，都达到了34℃。在苏丹沙漠，夏天的气温常常高达50℃，裸露的岩石非常热，足以在上面煎鸡蛋。

▶ 这些平顶丘和孤丘，位于美国亚利桑那州和犹他州的"纪念谷"内，它们常被用作西部影片中的背景。大多数时候，它们是干燥的。它们是在较早时期，被潮湿季节中的雨水雕蚀而成。

风和尘土

沙漠的年降雨量一般在25毫米以下，但有些沙漠几个月，甚至几年也不会下一滴雨。可一旦降雨，大量的雨水就会顺着干硬、荒芜的地表流动，山洪暴发，水流涌向那些干旱的峡谷和河床。有些地方，水分聚集在地表深处海绵状的岩石里，这些岩石被称为“蓄水层”，不过，这些水分很难被提取出来。

▲ 旱谷是沙漠中的河床，大多数时候是干涸的，一旦下雨，急流就会奔涌而下，引发洪水。图中的旱谷位于阿曼的阿拉伯海边上。

很少有植物能在如此干旱的条件下存活，土壤也无法发育。因此，成片的沙漠都是裸露的岩石或沙砾。在许多地方，植被非常少，无法将地表的土壤固定下来，风便会卷起它们，将漫天的尘土刮向四面八方。风和沙砾相互撞击，岩石会被塑造得奇形怪状，如“地弓”

▼ 这些位于澳大利亚西南部，靠近珀斯附近沙漠里的沙粒，如此细小，远看上去，就像刚下的新雪。

这种地形。

人们一度认为沙漠的地貌归因于风的冲击，这一过程也称为“风化”。现在，人们知道了过去的沙漠气候要比现在潮湿，那时叫“雨季时代”，很久以前的沙漠地貌，在很大程度上是由于水的作用形成的。

但是，许多沙漠地貌仍然还是由于风的作用形成的。如沙漠的强风，能够将地表所有的细微尘土卷走，形成“风蚀坑”盆地，埃及空旷的盖塔拉和卡尔加洼地就是这样形成的。在盖塔拉，风力吹出了一条长 300 多千米、深 130 多米的谷地。

沙漠中的死亡

世界上最干燥的地方是智利太平洋海岸的阿塔卡马沙漠，这里的年降雨量不到 0.1 毫米。也可以说是实际上根本没有降雨，好几十年都可能遇不上一滴雨水，因此，有雨的时候真是一件让人惊奇的事情。位于这个沙漠边上的村庄，将近 400 年都没有下过雨，直到 1956 年，突然一场降雨，结果引发洪水，造成好几个人的死亡。

撒哈拉沙漠的南部边缘被称为荒漠草原。这个地方过去非常湿润，许多游牧的放牧人来到这里。更南边的一些湿润土地，则被用作商业牧场。但不幸的是，近几年来，这块草原出现了好几次旱情，许多人都遭了灾，这是因为控制该地区的高气压带向南移了。由于大批牲畜被赶到狭小的潮湿地带放牧，这里的植被也消耗殆尽，导致大片草原蜕变成不毛之地。

◀ 位于南美洲西海岸的智利阿塔卡马沙漠，是世界上最干燥的地方，岸边寒冷的洋流将空气冷却，使海水无法蒸发，无法形成云朵，因此也不会降雨。

◀ 这块绿洲位于北非阿尔及利亚靠近阿得拉的地方，被棕榈树围绕，风景如画。绿洲是由于沙石被风吹蚀、蜕化，使地下水露出地表而形成的。

岩石和沙砾

有时，风力能够将地表层的尘土全部吹走，只留下砾石和岩石。在撒哈拉，一些空旷无边的地方，散落着一些巨石和体积较大的岩石，这些地方被称为石质沙漠；还有一些地方，覆盖着沙砾，它们被称为砾质沙漠。那些表面被沙海覆盖的沙漠，被称为沙质沙漠。位于阿尔及利亚东部的沙质沙漠的面积，超过了法国的国土面积。风吹过沙海，堆起沙丘。沙丘外形各异，从能够随风缓慢移动的弯月状的新月沙丘，到狭长的赛夫沙丘，各种各样。沙丘的外形主要取决于沙的数量和风的方向。

覆盖沙漠地表的土壤极少，能将沙丘塑造成圆形的也极少，因此，沙漠地形多呈块状。沙漠里分布的大而平的高原，叫作高丘；还有一些较小的高原，叫作孤丘，它们四周的边缘都是突兀而陡峭的悬崖。在这些悬崖的底部，是一些笔直的类似陡坡的斜坡，称“碛原”。据说，这些地貌是在较潮湿的时代，由于水的塑造形成的。

当来自山地旱谷的洪水出现在平原上时，它们会投下大片扇形沙砾，就像河口处的三角洲。旱谷闭合时，这些扇形沙砾就会融合成一块宽阔的斜坡，称为“山麓冲积扇平原”。沙漠溪流断断续续，极少能一直奔流到海洋，而是流入沙漠盆地。它们可能还会流入湖中（沙漠盆湖），这些湖里的水都很咸，因为大量的水被蒸发了，只留下一层扁平干燥的盐层，如以色列的死海。

沙漠地貌

沙漠也许是贫瘠的，但那里有着被风力、水和气候塑造出来的千姿百态的地貌。

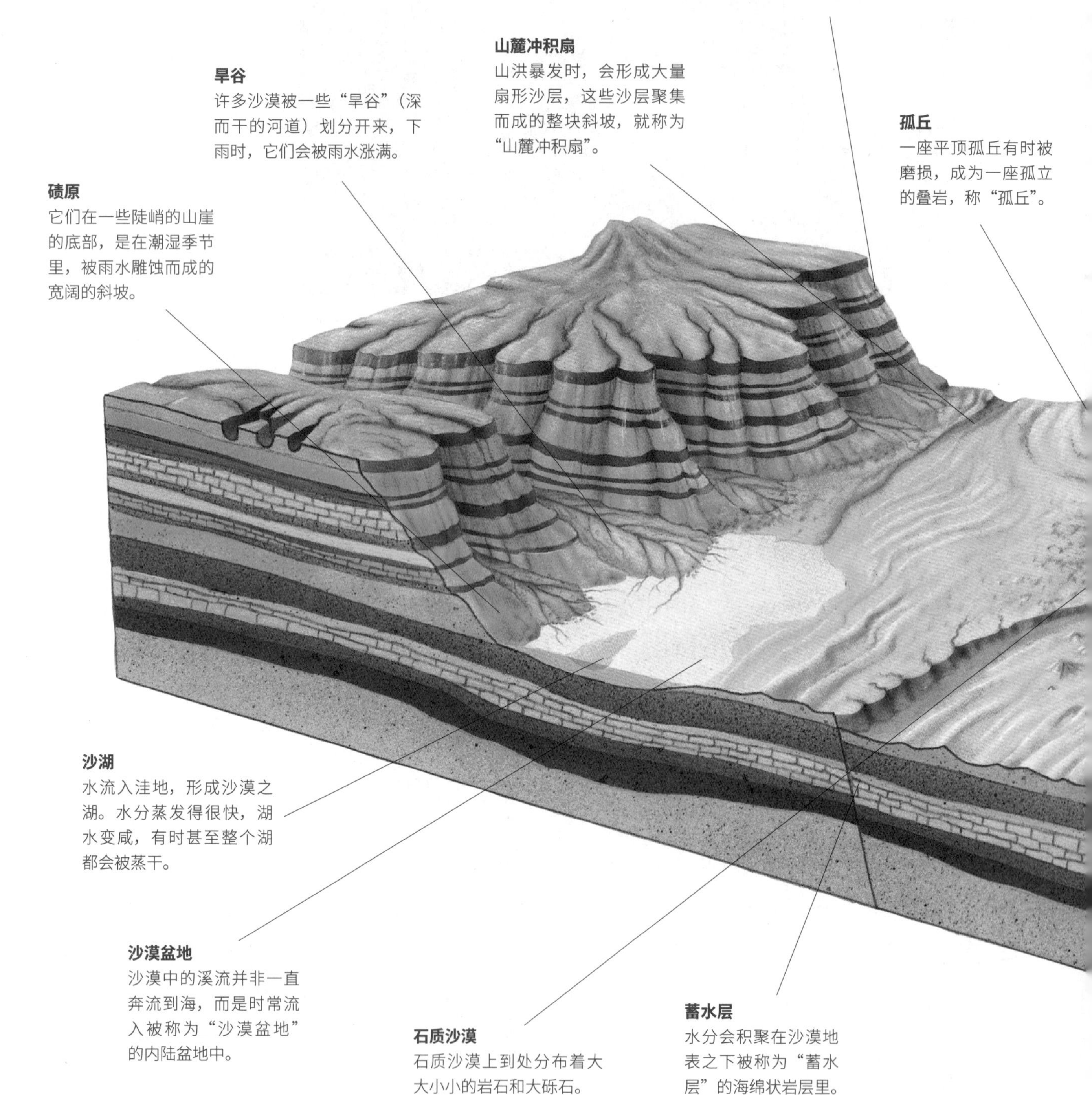

不同的沙丘

沙丘的外形由于风向和沙量的多少而不同。抛物线状沙丘在海岸一带形成，植物能把沙紧紧固定住；横断沙丘在沙量充足的地方形成；新月形沙丘在沙量较少、风向稳定的地方形成；赛夫沙丘在风向多变的地方形成。

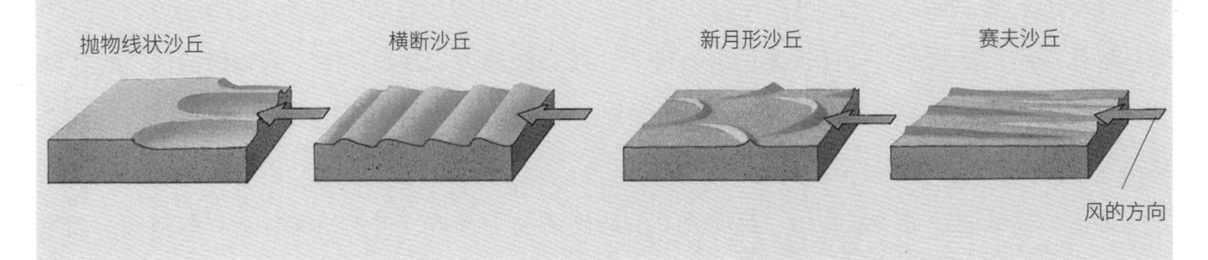

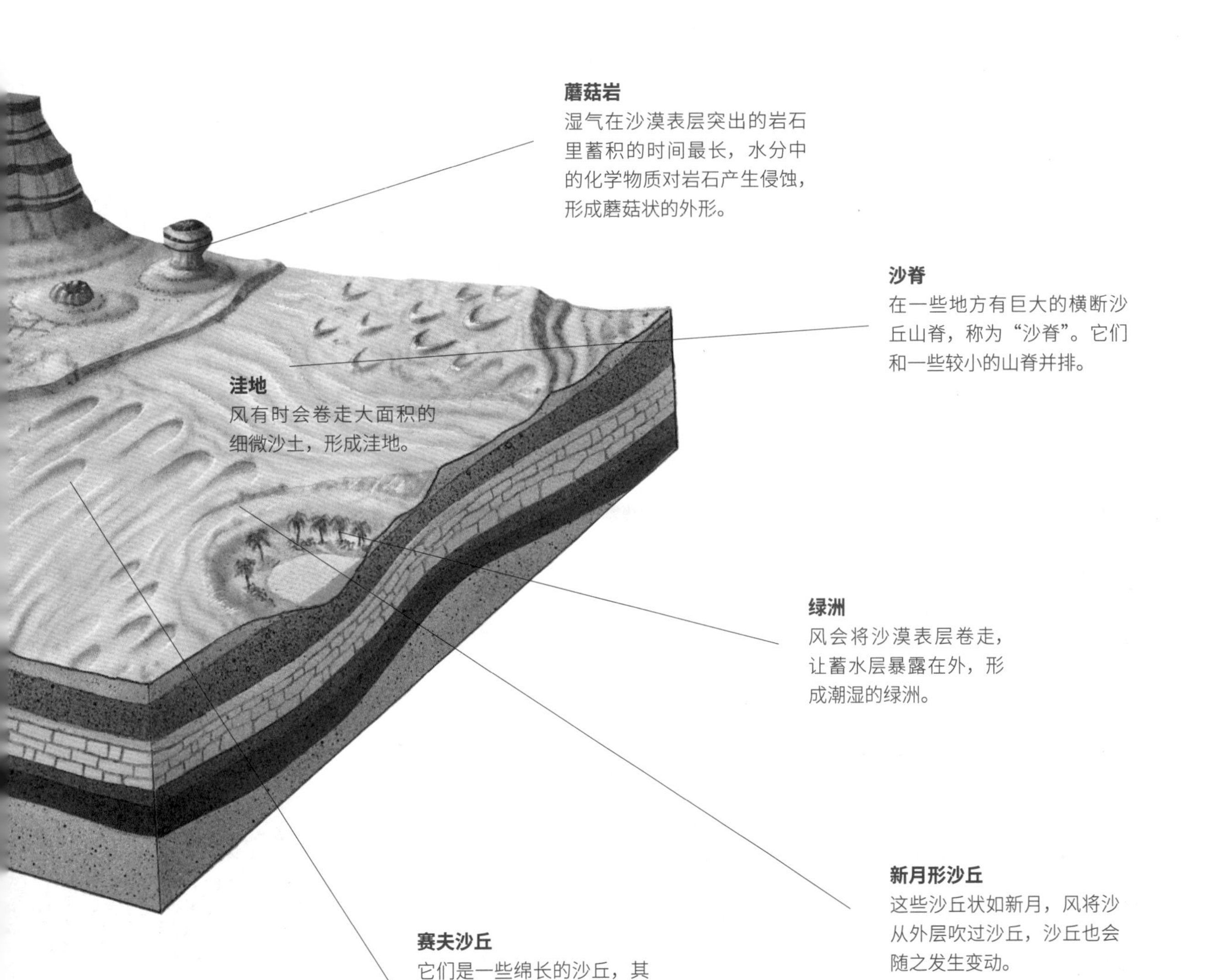

沙漠中的化学物质

沙漠中的水被蒸发后，会留下一些溶解在水中的化学物质。这些聚集在一起的化学物质，能够缓慢地分解岩石，从而塑造出另一些壮观的外形，如蘑菇岩，它们的名字来源于巨大的岩冠和细小的岩茎，有时，它们也被称为“外露层”。沙漠里的水蒸发得很快，之后会留下一层坚硬的被水溶解的矿物层。一些裸露的岩石外表，还会被称为“沙漠亮漆”的稀薄的深蓝色矿物和尘土覆盖，这层覆盖物是历经几千年才逐渐聚集而成的。在美国犹他州，当地的北美土著人，就是在这些亮漆层上创作壁画。

许多沙漠地表还被一层称为“钙质壳”的坚硬矿物层覆盖，它们如混凝土一般坚实。如果它们主要由碳酸钙构成，就叫作碳酸钙质角砾岩；如果主要由硅石构成，就叫作硅质角砾岩；如果主要由硫酸钙构成，就叫作硫酸钙质角砾岩。

海岸

海水和波涛持续不断地冲击着海岸，塑造出了独具特色、变化万千的海岸地貌。从沙质海滩、遍布鹅卵石的砂石海滩，到荒凉的岩石海岸，以及巨大、高耸的塔状悬崖，无一例外。

全世界的海岸线长约31.2万千米，是陆地和海洋的交界线。在这些地方，海水巨大的冲击力，塑造出不断变化的地貌形态——它们比地球上其他任何地方的地貌变化都快。每一秒的浪翻浪涌，每一天的潮涨潮落，波涛年复一年的撞击，都在不断改变海岸的形状。

在一些地方，随着岩石和砂石不断被巨浪和咸的、具有腐蚀性的海水侵蚀，海岸线被不断向后推移。在另一些地方，随着波浪不断把海滩上的沙、鹅卵石、小圆石带走，海岸线在慢慢朝前推进。在其余的地方，海浪则会沿着海岸线“搬运”各种物质，冲刷岸边的沙和砂石，形成海角（海湾与河口处的“隆起部分”）。这一切主要取决于海水涌来的方向和能量的大小，以

◀ 美国的太平洋海岸线长约1352千米，其中大部分都位于加利福尼亚的西海岸。图中这片美丽的、开满了野花的海滩，位于加利福尼亚北部的大苏尔（Big Sur）海岸。

▲ 这幕独特的景观是海岸逐渐被海浪侵蚀的结果。1993年6月，在北约克郡（位于英格兰东北）的一个名叫斯卡博多的海滨小镇上，这座建在悬崖上的小旅店最终由于悬崖被侵蚀碎裂而倒塌了。

及海流——围绕世界各大洋运动的巨大水流。

有时，暴风会“搬移”大量物质，在一夜之间戏剧性地改变海岸线的形状。但一般来说，海岸线的变化都很缓慢，难以被察觉。可是从地质角度来看，它们的变化又极其迅速。你往往能在那些变化很快的海滨地带，找到一些显著的相关证据。

在海岸线被侵蚀的地方，你能看到成堆的岩石和碎屑杂乱地堆积在海岸上；或者由于悬崖边缘崩塌，被废弃的篱笆，甚至房屋，都在悬崖边上摇摇欲坠。在海岸线朝前推进的地方，或许还能看到几个世纪以前建在海边的古老码头、港口设备，如今，它们都被远远搁浅在沿海沼泽和平地后的陆地上。

大海中的波浪

沿海地貌的变化主要是海浪的杰作。海浪卷过海面时，起落都是稳定的，它们既能形成柔和而连绵起伏的波浪，也能形成排山倒海的巨浪。不过它们都始于风吹过水面，开阔的海面上涌起阵阵涟漪之时。如果风力很强，而且从海上很远的地方吹来，那么细微的水波就会逐渐变成巨波，海浪一波推一波，可能会涌动好几十万米，然后冲击海岸。

虽然海浪可以涌动很长的距离，但水自始至终都停留在一个地方，它们只在波浪下作旋转运动，就像传送带上的滚筒一样。当海浪向浅水处涌动时，海床与海水的旋转会相互干扰，于是，海浪会一波紧接一波朝前涌动，浪头越来越高。当浪头达到最高点后，浪尖会飞溅散落，最后波浪会变成浪花。

当浪花涌上海滨，浪头会以冲流的形式冲击海滩，再以回流的形式慢慢朝后落下。冲流和回流都会侵蚀海滩上的沙和砂石。高高的、翻卷的波浪被称为崩碎波（溢出波），能产生强大的回流，将岸上的沙和砂石“拽”回大海。因为每一波回流的力会越来越大，所以沙和砂石也会被“拽”得离海岸越来越远，海滩就变得越来越平

▲ 世界上的大多数海滩都只有几千米长，但是有一些海滩非常令人难忘。这是澳大利亚弗雷泽沙岛（Fraser Island）的“七十五英里海滩”。这片金色的海滩长约120千米。

坦。浅浅的激碎波（破碎波）能产生强大的冲流，每一波冲流都会将沙和砂石朝着岸上“推”，使海岸变得越来越陡峭。

沿岸流

在海浪沿某个方向冲击海滨的地方，每一波冲流都会从同一个角度，把沙和砂石冲上海岸。但是，海水在回流中后退时，会带着沙和砂石朝后以直角的形式落到岸上。因此，在每一波回流中，沙和砂石会沿着海岸慢慢沉积，它们逐渐朝着斜前方推移，呈Z字形，这被称为沿岸流（沿岸漂移）。

人们在度假海岸上建造防波堤（低矮的海墙），防止沿岸流将所有的沙和砂石带走。可是，防波堤并不能阻止沿岸流，因此沙和砂石会在每道防波堤的一侧堆积，并慢慢冲刷防波堤的另一侧。在沿岸流非常强大的地方，能将沙和砂石冲到河口和海湾处，形成巨大的海角。海角在海湾中不断延伸，将两个海岬连起来，就会形成沙洲。在一个像这样的湾口沙洲后面，可能会形成一个封闭的潟湖。

被海浪侵蚀的岩石

在没有海滩的地方，涌动的波浪不能减速，直接以巨大的力冲击岸边岩石，尤其是在风暴中。当巨大的波浪撞击岩石时，大约能在每平方米的岩石上产生10吨的冲击力。在风暴中，巨浪甚至能移动重达1000多吨的岩石。波浪涌向岩石时，会携带各种碎石、砂石撞击岩石，风也会猛烈横扫岩石裂缝，使岩石逐渐破裂。岩石就这样被不断侵蚀成碎块，碎块被继续侵蚀成更小的砂石。几百年后，它们就会变成更小的沙粒，岩石海岸成为沙质海岸。

在高高的岩石海岸上，波浪不断“切削”岩石底部，形成陡峭的悬崖。最后，在悬崖脚下和低潮海面间，海浪会“雕蚀”出一片微微向大海倾斜的宽阔的海蚀平台。每天在退潮时，海蚀平台会两次露出海面，能看见上面的天然石池（蓄满水的岩洞），石池中生活着各种海洋动物和植物。海浪和海风不断侵蚀、风化悬崖，最后留下一些孤零零的石柱——海石柱，或更小的海石垛。海浪也会“切削”海岬底部，形成天然拱——海蚀拱桥。最后，拱顶被侵蚀或风化，形成更多的海石柱或海石垛。

▲ 这些奇特的海石柱和海石垛，位于澳大利亚南部的坎贝尔港。它们是被太平洋的巨大海浪侵蚀而成的。这组海石柱和海石垛，被称为“十二门徒”。

江河和湖泊

地球上的水，大约有97%都在海洋中；河流和湖泊中的水不到总水量的1%。但是，正是这少量的江河与湖泊中的水，却在地球的历史上扮演着重要角色：它们塑造了自然景观，为人类提供了灌溉和生活用水。

当水以降雨的形式降落到地面后，就会被土壤吸收，或者在地表流动。渗入地面的水聚集在多孔岩石颗粒之间的小孔中，就如同海绵中的水一样。当一块多孔岩石中的水分达到岩石的最大吸收量时，科学家们称之为饱和状态。如果这块浸满了水的岩石暴露在山坡上（露出地表的岩层），里面的水就可能会滴出，流下山坡。泉水就是这样形成的。

从泉眼中流出的水会为自己开辟一条“河道”，然后形成小溪。小溪在流动中，会不断汇集来自其他地表径流的水；雨水也直接降落到小溪里；同时，流动中的小溪还会不断接受来自其他泉眼的水。慢慢地，小溪越来越深、越来越宽，最后成为河流。

河流的三个阶段

大多数河流的发育都要经过三个阶段：从高山上快速奔涌的激流，流经山谷基岩，最后缓慢地汇入海洋。在海洋的边缘，河流基本上都有宽宽的河口，河口中潮涨潮落。如果在河口处没有海流，那么被河流携带而来的物质就会在这里沉积为沙丘（沙洲），沙丘累积形成三角洲。

对河流来说，经过这三个“发育”阶段是最理想的。但许多河流并不具备这三个阶段。有些河流，尤其是那些发源于年轻的近海山脉（如南美洲的安第斯山）的河流，可能只有一个流速极快的、颇具侵蚀性的阶段（第一阶段）。在这种情况下，河流经常把山谷“切削”成深深的V字形，直到流入大海。有一些河流直接从第一阶段过渡到第三阶段（先快速奔涌，接着缓慢入海）。还有一些河流，从激流开始，流速慢慢平缓，然后又突然加速成激流。这通常发生在海平面变化，或者陆地上升时，流经泛滥平原的河流突然开始向下“切削”。

大开眼界

快速的水流

南美洲亚马孙河的流速，比世界上其他任何一条河的流速都快。在正常的流速下，平均每秒钟，亚马孙河会向巴西海岸的大西洋注入 12 万立方米的水。当亚马孙河的流速达到最大值时，每秒钟会向大西洋注入 20 多万立方米的水量。与亚马孙河相比，埃及尼罗河的流速就像一辆缓慢的四轮马车，它的流速只有亚马孙河的 1/60。

第一阶段

河水从山坡上飞流直下。此时，水流蕴含着巨大的能量。它们不断“切削”峡谷，剥蚀岩石。岩石被侵蚀成更小的岩屑，并随河水顺流而下。在这个阶段，河流拥有巨大的剥蚀力。当河水冲着坚硬的岩石倾泻而下时，往往形成瀑布、急流。渐渐地，由于河水的“切削”，形成了深深的V字形河谷（V形谷）。

从高山到大海

大多数河流都发源于高山，然后向下奔流，汇入大海。在它们奔流的路途中，随着自然景观的改变，它们的流速和方向也在改变。地理学家们把一条典型的河流的发育过程分成三个阶段。

第二阶段

当河水开始在更平坦的地表上流动时，流速逐渐慢下来。大多数被河流携带的物质开始沉积成层，形成宽阔的平底河谷。河水不断扭曲、改变河道，往往一侧的河道不断遭受侵蚀，另一侧的河道不断形成沉积。因此，在这个阶段，河谷会不断加宽，但是一般都不深。

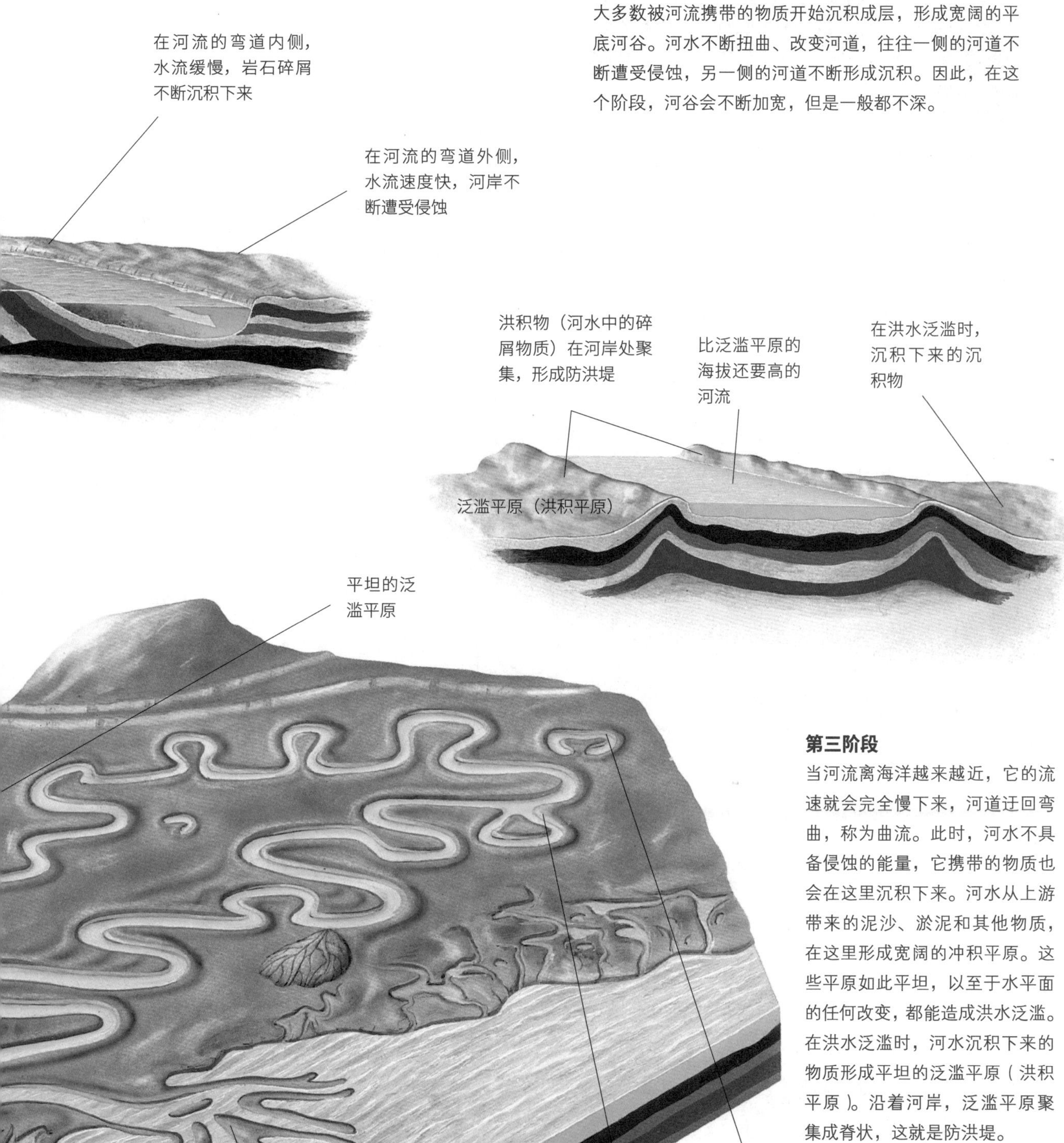

第三阶段

当河流离海洋越来越近，它的流速就会完全慢下来，河道迂回弯曲，称为曲流。此时，河水不具备侵蚀的能量，它携带的物质也会在这里沉积下来。河水从上游带来的泥沙、淤泥和其他物质，在这里形成宽阔的冲积平原。这些平原如此平坦，以至于水平面的任何改变，都能造成洪水泛滥。在洪水泛滥时，河水沉积下来的物质形成平坦的泛滥平原（洪积平原）。沿着河岸，泛滥平原聚集成脊状，这就是防洪堤。

▲ 这是苏格兰的迪伊河发育的第二个阶段的部分河段。尽管河水的流速缓慢，沉积物能够沉淀下来，但水流仍然具有一定的侵蚀力。

河流和人类

在世界上的大多数地区，河流对于靠它们为生的人都非常重要。热带雨林区几乎有持续不断的大量降雨，所以，这里通常都是大河，所有的降雨几乎都汇入这些河流里。主要的热带河流有：南美洲赤道附近的亚马孙河，西非热带地区的扎伊尔河，流经了东南亚地区的湄公河等。这些地区的森林都生长得繁盛茂密，河流往往是这些地区主要的运输方式。

在其他地区的许多河流也很重要。在埃及沙漠中，尼罗河为人们提供了饮用水和农业灌溉水；在北欧和北美的工业区，大型工业中心往往都是在河流的两岸发展起来的，如莱茵河和密西西比河。最初，在河流两岸发展工业区是为

牛轭湖的形成

河流在第三个阶段，河水的流速逐渐减慢，曲流可以形成牛轭湖。在一些国家，耕地时为了束缚公牛，要在一对公牛的脖子上套上轭（两块 U 形板组成的横木）。因为这种湖的形状看上去像套牛的轭，所以取名为牛轭湖。

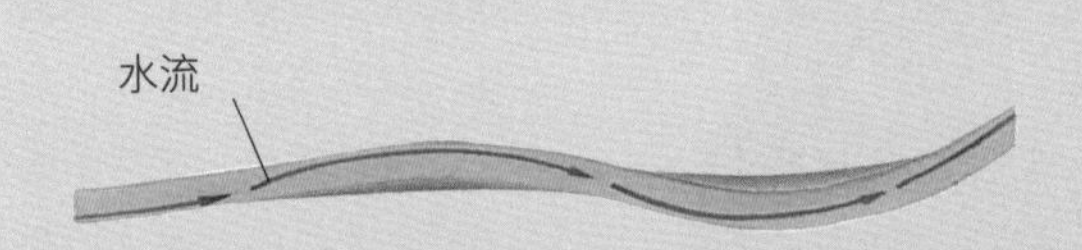

1. 当河流离海洋越来越近时，就形成了曲流。淤泥在河曲的内侧沉积下来。

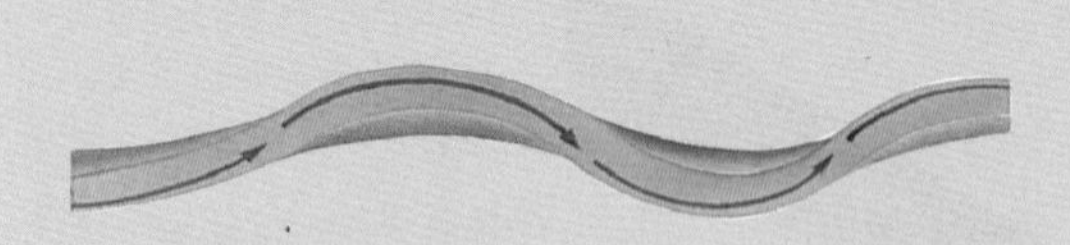

2. 慢慢地，河曲发育得越来越明显，更多的淤泥沉积了下来。

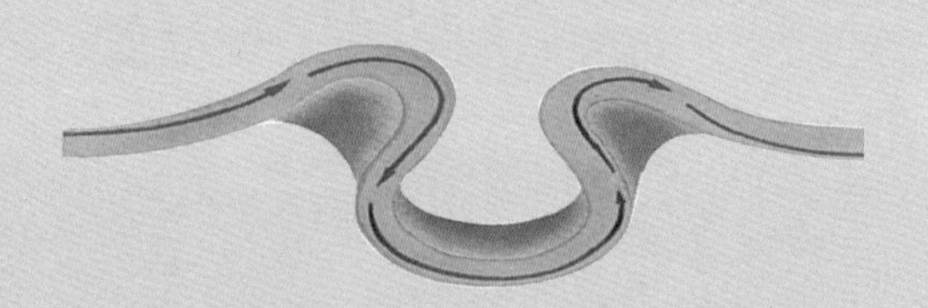

3. 随着时间推移，一些河曲发育成封闭的环形（圈形），这些环形河曲被沉积的淤泥包围。

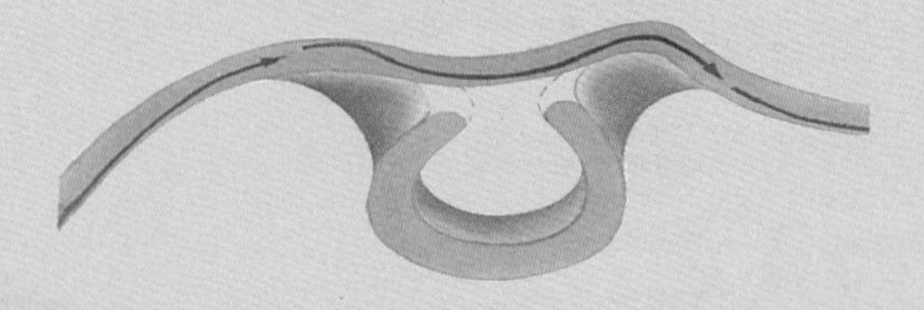

4. 最后，淤泥将环形河曲与河流“切断”，形成牛轭湖。

了能够用轮船和驳船来运输商品。在河流两岸建设工业区的缺点是：工厂中的废弃物被倾倒在河流中，成为河流的主要污染物。

静水（死水）

陆地上的水并不总像河流中的水一样在流动。它们可能静静储存在池塘、湖泊和沼泽中。这些水体都在陆地的凹陷之处形成，无法外流。这些凹陷之处通常都位于储水量饱和的岩层区——因为岩层中的水量已经达到最大值，其余的水再也渗不进去了。但是有时候，在不会渗水的岩层上也有湖泊，如隔水黏土层，它们能防止水体外溢。

地球上的凹陷处是通过多种方式形成的。它们大多数都是冰川运动的结果。在最近的冰川期（约 160 万 ~ 1 万年前），北欧和北美的大部分地区都分布着冰川。沉重的冰川在其下面的岩层上“凿”出了凹坑。当冰川解冻后，这些凹坑中就蓄满了水。北美的五大湖区就是以这种方式形成的。有时候，在其余的冰川都融化之后，会遗留下一些巨大的冰块，岩石碎屑在冰块周围堆积起来。当这些冰块消融之后，又留下了更多的凹坑。由于冰川的移动而沉积下来的岩石碎屑横越山谷，形成了堤坝，一些湖泊就汇聚在这些堤坝之后。

大多数湖泊，尤其是那些由于冰川作用形成的山谷中的湖泊，有源源不断的小溪和河流注入。通常每一个湖泊又有一条向外流的河。靠这种方式，湖中的水总是富含氧气，大量生命在湖中繁衍生息。但是，在天然堤坝后形成的湖泊并不能永久存在。从湖泊中流出的河水不断侵蚀河床，使之加深。随着这个过程不断持续，越来越多的水逃逸出去，直到湖泊消失。

盐湖和裂谷湖

在一些地方，尤其是沙漠地区，流进湖泊中的水再从湖泊中逃逸出去，唯一的途径是蒸发。随着水分蒸发，被河流带进湖泊中的溶解的盐分遗留下来，湖中的盐分浓度越来越高。在如此咸的水域中，任何生物都不能生存。有时，这些盐湖会完全枯竭，留下大面积的盐碱地。美国犹他州西部的大片沙漠上，就覆盖着以这种方式沉积下来的盐分。

世界上最古老的湖泊，可能是那些在地表错裂的谷地（裂谷）中形成的湖泊。分布在非洲大陆东部地区的一连串湖泊，就是沿着大陆层断裂的一条线形成的。在裂缝和断层之间的大陆岩体不断下沉，凹坑被不断向下延长、拉大，水流注满这些凹坑，形成湖泊，比如坦噶尼喀湖、尼亚萨湖、马拉维湖等。俄罗斯东部的贝加尔湖就是在另一个裂谷中形成的。

对湖泊的利用

湖泊对人类总是很重要的。在欧洲铁器时代的遗址中进行的考古学研究表明，当时的许多居民点都分布在湖区，因为湖泊既可以为那里的居住者持续提供水源，还能为他们提供天然“护城壕”作为防护。今天，许多湖泊都是人工湖，它们是在河流上建筑堤坝形成的。这样做是为了控制河流中的水，利用它们为人类提供饮用水或者农业灌溉水，或者利用水流发电。从人工湖中流下来的水，可以被用来转动水车或涡轮，为机械提供动力，或者发电。通过水体运动产生的电力，被称为水力发电。

筑堤拦截大面积的水体，既能给人类带来利益，也存在着问题。在20世纪，在埃及尼罗河沿岸制造出来的人工湖，就造成过巨大的麻烦。水体的表面积越大，意味着被蒸发的水分越多。那些被河流携带下来，本来是要注入海洋中的沉积物，也在这里堆积起来。于是，湖泊深度越来越浅，超出人们的预计。同时，由于没有新的沉积物进行补充，尼罗河三角洲的肥沃土壤不断被地中海冲刷、剥蚀，逐渐流失。

▲ 这是位于澳大利亚新南威尔士州的金德拜恩湖，它与背后的雪山交相辉映。这是一个人工湖。当时，人们为了利用雪山进行水力发电，就建了一个大堤，于是形成了这个湖。

今天的湖泊，明天会消失

湖泊只是暂时性的自然景观，这不仅仅是因为湖泊中的水体会逃逸。湖岸通常有茂盛的植被生长。当湖岸的植被死去后，腐朽的植物残骸会不断堆积。这些堆积的植物残骸化为土壤，更多的植物从中生长出来。慢慢地，植被蔓延开去，又有越来越多的植物残骸堆积到湖床上，直到湖面。就这样，湖泊变成沼泽，沼泽中的水体被淤泥和泥煤阻塞。最终，沼泽彻底干涸，遗留下来的肥沃土壤变成良好的农田。

河口和三角洲

河流在陆地上奔流数千千米后，最终要汇入大海。有时河流会在入海处形成宽阔的河口，有时河流入海口会被沙洲阻挡，从而形成三角洲。这两类自然景观的形成一方面取决于河流所携带的沉积物的数量，另一方面取决于海水是否能把这些沉积物带走。

河口是一个非常宽阔的河流入海口。在高潮时，河口的水是咸的；而在低潮时，水是淡的。水体的咸淡变化是河口最显著的特征，生活在这里的任何动植物都必须能够同时适应这两种环境。

被河流冲刷下来的部分杂质会在河口不断堆积，而颗粒细小的杂质会被携带入海，分散在海水中。在河口处沉积下来的物质包括粗糙的淤泥和沙粒，在低潮时，这些泥沙可以形成宽广的、银光闪闪的泥滩。当各种涉禽在泥滩上觅食穴居的甲壳类动物和多汁的海蚯蚓时，这里就留下了它们的足迹和鸟喙的痕迹。有时候这里的淤泥会呈现出黑色，这是在河水泛滥的时候，部分腐烂的植物残骸被携带到这里并沉积下来造成的。

◀ 英国墨济河的河口上栖息着海鸥，这些海鸥和其他的水鸟，如雁、涉禽和天鹅常常聚集在河口上。

▲ 图中是英国苏格兰西部的索尔韦湾，当河流流经此地并流速减慢时，其中的杂质就沉积下来，形成了这些泥滩。

◀ 由于钱塘江口形状似喇叭，潮水易进难退，而江口东段河床又突然上升，滩高水浅，潮水来不及均匀上升，就只好后浪推前浪，层层相叠，最终形成了钱塘江大潮。图中，正是号称“天下第一潮”的钱塘江大潮。

河口处的泥滩富含水分，以至于有时轻微的搅动就能使它像液体一样流动，把它从一个坚硬的表面变成一个危险的陷阱。除此之外，由于泥滩非常平坦，所以潮汐能够迅速覆盖过来。陷阱和潮汐的共同作用使得河口变成了异常危险的地方。

盐沼

如果泥滩海拔较高，只有在潮水涨到很高的时候（大潮）才能被海水淹没，那么在这里，粗韧的水草和耐盐的植物就会生长，从而形成盐沼。小的水湾常常流经盐沼，水渠纵横交错，把来自周围陆地上的水携带入海。尽管有植物的根系固着在盐沼表面，但它仍然容易受到剥蚀，从而形成水洼。在盐沼靠海的一侧，往往形成一些高度不足 2 米的低矮悬崖，这些悬崖不断遭受侵蚀，形成微型的海蚀柱和海蚀拱桥。盐沼内小湾纵横交错，池塘水洼密布，使人寸步难行。

涌潮

有时候，河口与海连接处会比河口的上游更窄，英国墨济河的河口就是这样。但在大多数情况下，河口呈宽阔的漏斗形，越接近海洋的地方就越宽。大潮来临时，上涨的海水就会涌进这种典型的漏斗状河口，水流沿着越来越窄的河道前进，并不断上涨，从而形成 1 米多高的溢出型波浪，以很高的速度冲刷河道。这种现象被称为涌潮。位于威尔士和英格兰之间的塞温河河口经常出现涌潮现象，这里的涌潮高达 1.5 米。中国的钱塘江涌潮更加壮观，高度可达 8 米。

三角洲的形成

有时河流可能流入一片平静的海域，那里几乎没有洋流，海水很少起波澜。这样的水域是形成三角洲的典型环境。

三角洲形成的第一步通常是：当河流汇入大海时，流速突然减慢。这使得河流中携带的各种物质沉积下来，沉积物慢慢堆积，逐渐形成巨大的沙洲。这些沙洲阻断了河道，于是河流不得不分支，形成好几条河道，称为分流河道，然后再通过分流河道汇入大海。由于沙洲和淤泥岛屿错综复杂，所以早期探险家们在探索澳大利亚时很难找到墨累河的入海口。

三角洲的形状

起初，古希腊人用delta这个词来描述被淤泥阻塞的河道纵横的河口，因为他们最为熟悉的尼罗河三角洲的形状酷似希腊字母delta（Δ）。尽管三角形是三角洲的典型形状，但事实上每一个三角洲都有自己独特的形状。三角洲的形状随着分流河道的变化而改变。河道改道时，河流中的沉积物会形成新的沙洲，很多年后，水流又可能将沙洲冲刷殆尽。总体而言，世界上大部分三角洲都可以归结为下面三种基本形状中的一种。

大开眼界

由沙到石

砂岩是一种沉积岩（由沉积物形成的岩石）。今天我们在建筑上使用的许多砂岩，都是数百万年前沉积在三角洲地区的沙粒经过高压固化作用形成的。仔细观察这些岩石，我们可以在岩石内部看到S形结构。如果河流中的沙粒在河床处沉积时形成舌状堤岸，日后形成的岩石里就会存在S形结构。

埃及的尼罗河三角洲，以及尼日利亚的尼日尔三角洲都是典型的扇形三角洲。扇形三角洲伸入海洋的部位呈圆弧形。这是因为这里的河流沉积物受到海浪的来回冲刷，从而使沙粒和淤泥呈弧形分布。

在一些地区，如果海浪比较小，三角洲可能会由堤岸形状的隆起组成。在河水泛滥时，沉积下来的泥沙会隆起而形成堤岸。堤岸构成的三角洲呈现出明显的鸟足状，因此以这种方式形成的三角洲被称为鸟足状三角洲。注入美国东南海岸墨西哥湾的密西西比河三角洲就是这种三角洲的绝佳例证。

在分流河道处，剧烈的潮汐运动反复冲刷沉积物，通过剥蚀作用使河口不断拓宽，并形成具有尖锐前缘的尖头状三角洲。恒河和布拉马普特拉河在汇入印度洋的孟加拉湾时，就形成了尖头状的恒河三角洲。恒河三角洲是世界上最大的三角洲。

三角洲和人类

纵观人类历史，三角洲对人民的生活起到了至关重要的作用。这主要是因为从河流上游携带过来的沉积物使三角洲异常肥沃。埃及最早的农业生产就是从尼罗河三角洲地区开始的，甚至今天，埃及 90%的农作物仍然生长在这一地区。

世界上许多其他的三角洲，如孟加拉国的恒河三角洲、越南的湄公河三角洲、中国的长江三角洲，都居住着大量的农业人口。

河流的终点

河流长途跋涉，途经高山、峡谷和平原，最终汇入大海。当河流与大海相遇时，有时形成河口，有时形成三角洲。在河口处，河流畅通无阻地汇入大海。在三角洲处，河流必须冲破沉积的淤泥，为自己开辟前进的道路。

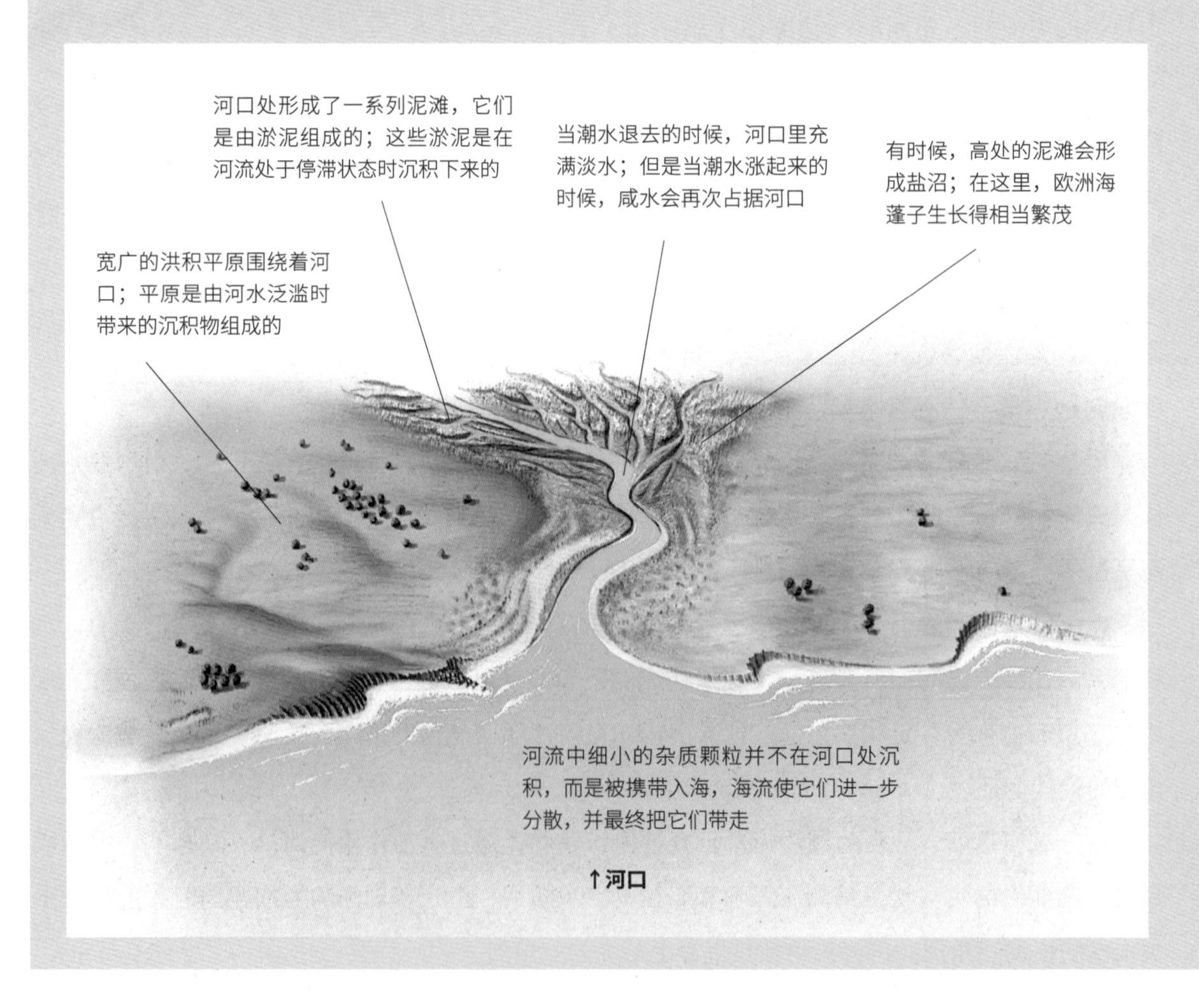

↑河口

三角洲的形状

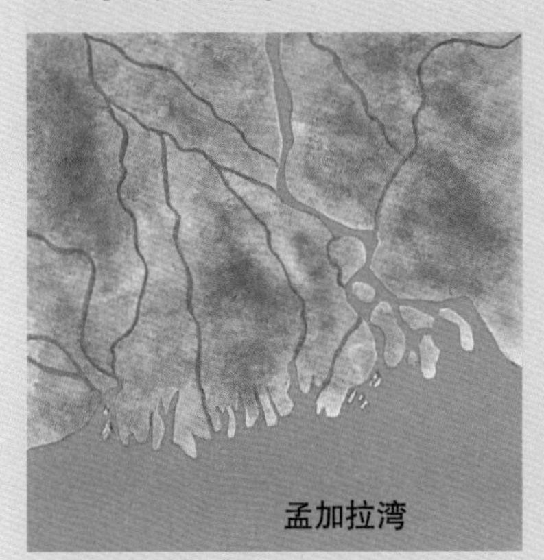

恒河和布拉马普特拉河从印度流入孟加拉国，形成恒河三角洲。分流河道中的沉积物受到水流的来回冲刷，形成了尖尖的前缘。

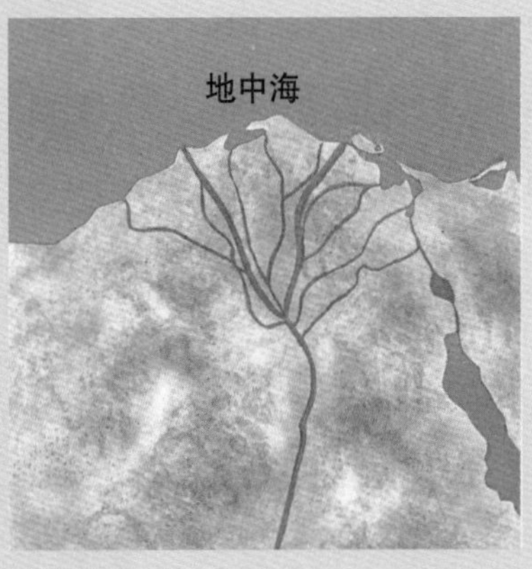

埃及的尼罗河三角洲是一个典型的扇形三角洲。淤泥和沙粒沉积物的边缘不断受到地中海海浪的冲刷，被打造成了弧形。

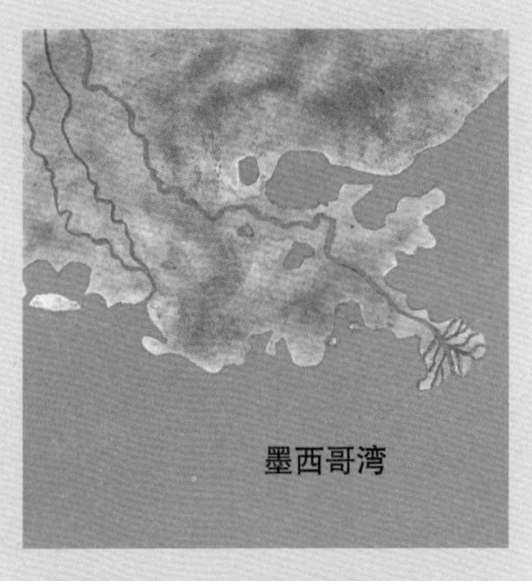

美国的密西西比河三角洲是一个鸟足状三角洲。三角洲中的沉积物组成了许多细长的条状，并逐渐延伸到海洋中。

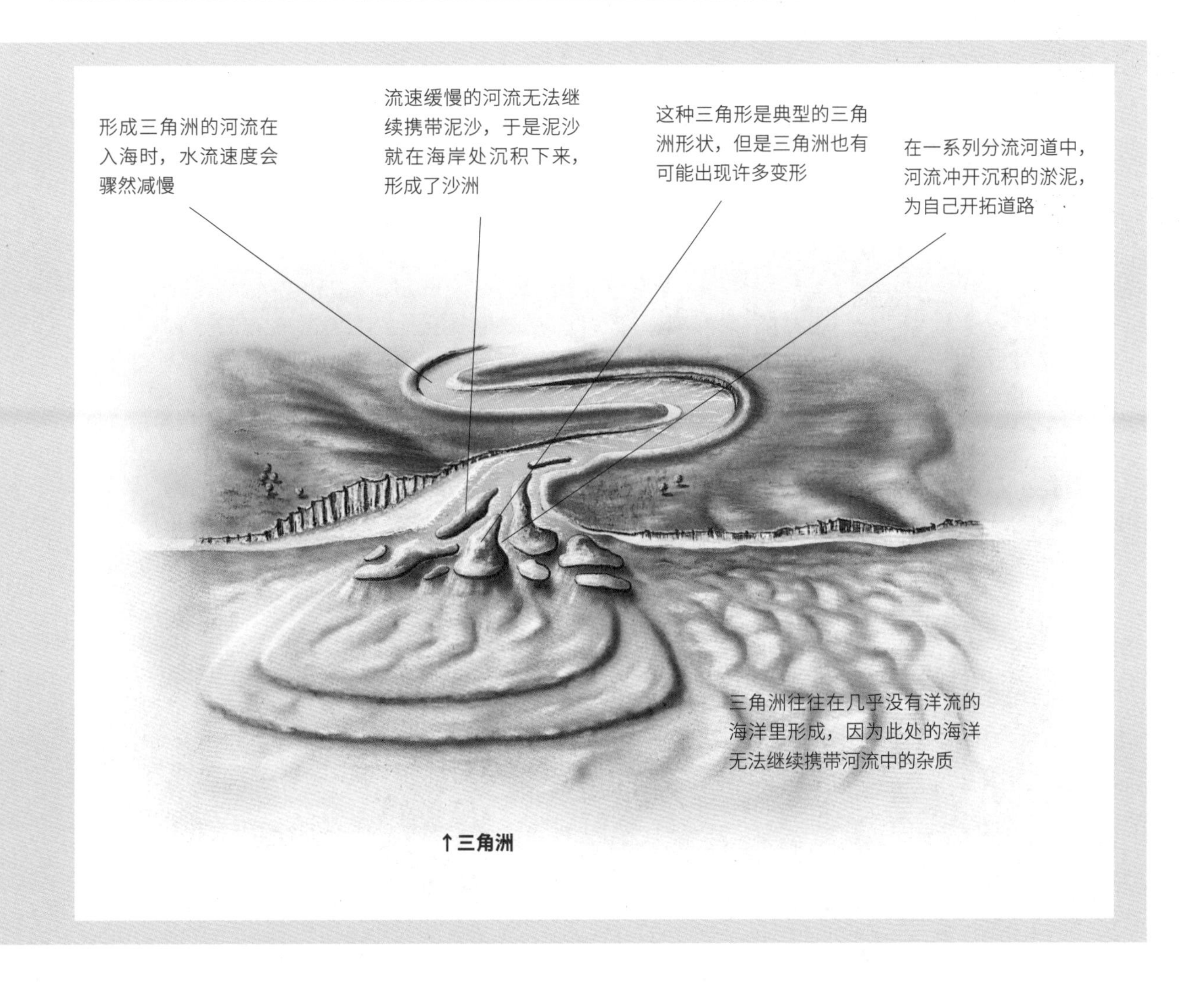

↑三角洲

然而，在三角洲上居住并非易事。分流河道会不断改道，使沿途的农田无法耕种；有些分流河道还有可能枯竭，导致附近地区的农田无法得到灌溉。不过，最大的危险是，三角洲的海拔仅高出海平面一点点，所以常常爆发洪灾。孟加拉湾曾因飓

▲ 图中是美国地球资源探测卫星拍摄的恒河三角洲的假彩色图片。入海口处的蓝色区域表示冲刷进入孟加拉湾的河流沉积物，红色区域表示准备收割的农作物。

变化的密西西比河

在历史上，随着密西西比河不断改道，密西西比河三角洲的形状也在不断发生变化。从 19 世纪开始，工程师们为了使河流保持现有的河道，修建了许多大坝和河堤。

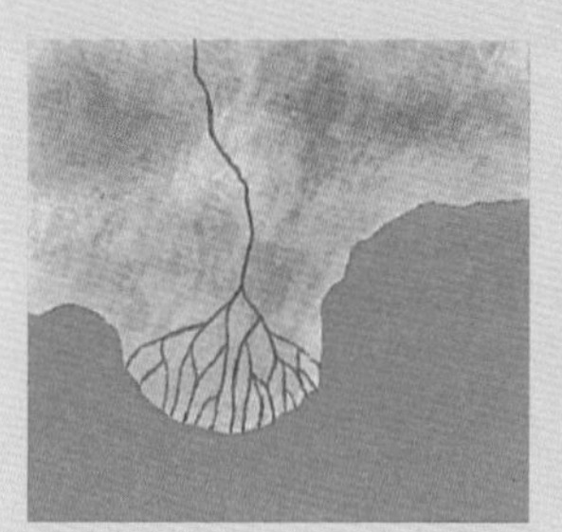

前 2500 年

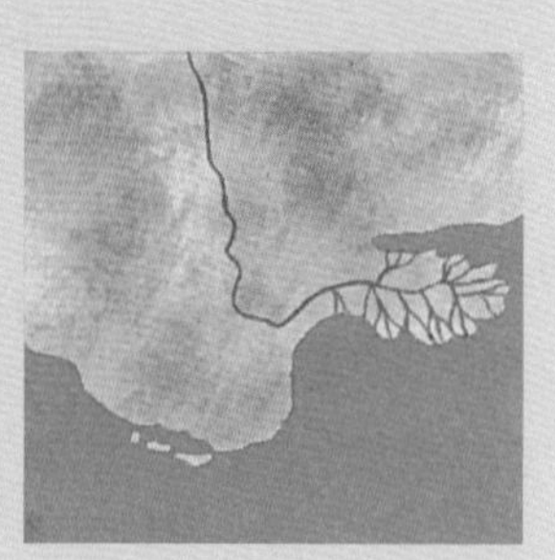

前 1500 年

前 500 年

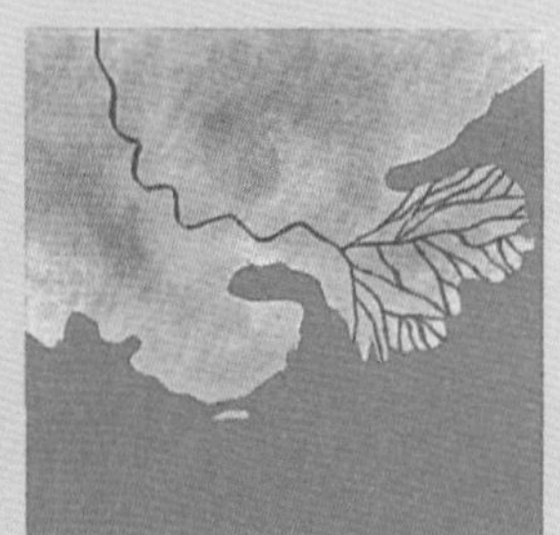

1000 年

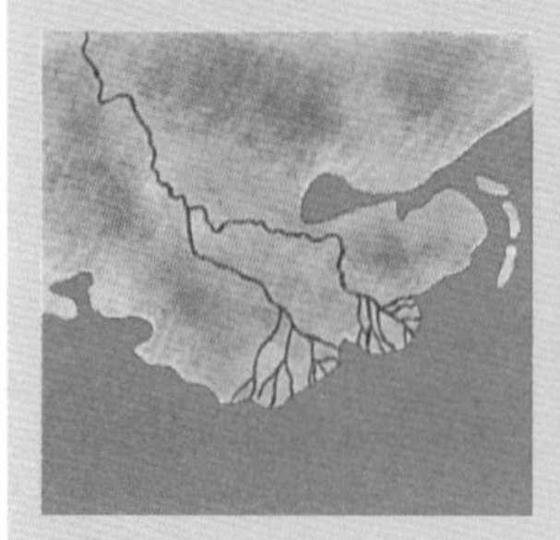

1500 年

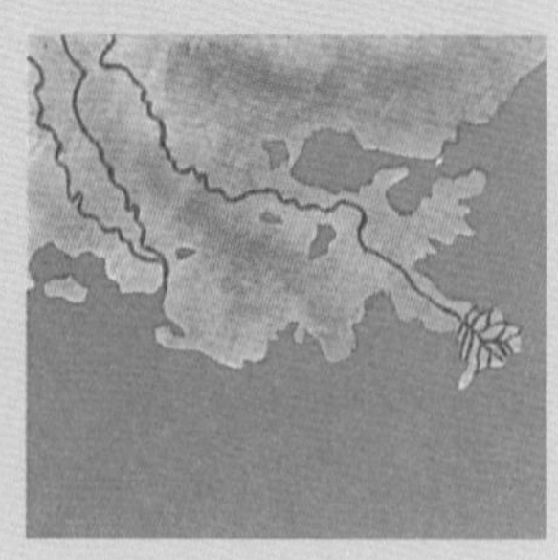

现在

你知道吗？

长江三角洲的形成

长江每年带来大约 4.7 亿吨泥沙，由于海水的顶托，部分泥沙沉积下来，在南、北两岸各堆积成一条沙堤。沙堤以北主要是由黄河、淮河冲积成的里下河平原；南岸沙堤与钱塘江北岸沙堤相连接，形成了太湖平原。长江三角洲河川纵横，湖泊棋布，农业发达，人口稠密，城市众多。在全国经济中占有重要地位，人们习惯称为中国的“金三角”。

◀ 越南的湄公河三角洲是由大面积肥沃的淤泥构成的，这些淤泥形成了优良的农田。这个国家主要的粮食作物是水稻。当河水泛滥的时候，人们就把水稻种子撒在水中，然后这些种子就在下面的淤泥中生长，最后钻出水面。

风袭击而产生了剧烈的潮汐运动，从而造成孟加拉国和恒河三角洲其余地区无数百姓死亡。

大河是出入大陆的重要交通渠道，因此三角洲地区的航道必须保持畅通。这就意味着人们必须不断挖掘河道，防止河道被过多的淤泥堵塞。另一方面，没有足够的淤泥沉积也会给三角洲带来破坏。事实上，由于近年来人们从尼罗河中抽取大量的水灌溉上游地区，河流带入三角洲的沉积物越来越少，结果导致尼罗河三角洲现在以每年数米的速度向陆地方向缩减。

冰河和冰盖

冰只是水的固态形式，但是当冰以巨大的块体存在于地表时，就会形成非常壮丽的自然景观——冰河和冰盖。

当天气变冷的时候，空中的水汽就会以冰晶的形式纷纷扬扬地飘落下来，这些冰晶就是雪。在地面上，雪不断堆积，形成松软的雪层。如果降雪越来越多，积雪就会一层层堆积起来。最后，这些雪花的重量非常巨大，以至于下方雪层中的空气都被挤压出去，冰晶开始凝结在一起，这时的雪就转变成了冰川冰。

▲ 在位于北极圈附近的美国阿拉斯加的冰河湾，顶部覆盖着积雪的冰原岛峰耸立在山麓冰川上方。

小实验

压雪球

下雪的时候，你可以从地上抓起一把雪，揉成一个雪球，然后使出所有的力气，尽量挤压这个雪球。随着你不断挤压，雪就会粘连在一起，逐渐转变成冰晶。冰川底部发生的情况和挤压雪球的原理一样。

山岳冰川

在山区形成、流动和消亡的冰川称为山岳冰川。冰川往往在山谷中形成，因为山谷中的天气很冷，上一年冬季的降雪还没来得及消融，第二年冬季的降雪又覆盖在上面了。下层的积雪会逐渐形成冰，填满谷底。在上层积雪的重压之下，冰晶不但没有变硬变脆，反而变成了灰泥的形态。上层积雪的压力促使冰川慢慢向外扩张。最后，冰体以类似于河流的方式缓慢向前运动，称为山谷冰川。山谷冰川的运动方式与河流如此相似，因此它们也被称为冰河。山谷冰川中的冰体非常厚重，它们沿山谷的底部向前推进，不断摩擦山谷的两侧，带走两侧的岩石，并把它们碾磨成细砂和黏土。

山谷冰川的运动

山谷冰川的运动极其缓慢——一般每年只移动数米远。冰川的中心比边缘运动得快，这是因为山谷冰川运动时，冰体会不断摩擦两侧的岩壁，所以冰体的边缘会被这种摩擦作用所阻滞。只有冰川底部的冰体呈灰泥状，冰川表面的冰层没有受到压力作用，因此仍然坚硬易碎。当这些冰川途经高低不平的地面或遇到拐角时，冰川上层坚硬的冰体就会破裂，形成深深的裂缝（称为冰裂隙）和尖顶形突起物（称为冰塔）。

▲ 瑞士的隆河冰河表面遍布着巨大的裂隙——称为冰裂隙。当冰河途经崎岖的地面或者弯角时，这些冰裂隙就会形成。

▲ 在位于中国西藏的喜马拉雅山脉上著名的绒布冰川上，耸立着一排冰峰，称为冰塔。和冰裂隙一样，当冰体穿越高低起伏的地面时，就会形成这些冰塔。

冰河

山谷冰川向地势较低的方向运动，就如同一条巨大的河流。与河流不同的是，山谷冰川流动非常缓慢，但是非常有力量。冰川在前进的途中会不断带走两侧的岩石和其他杂物。当冰川消融殆尽的时候，它们会在地面上留下一些显著的标志。冰川痕迹中最显著的标志之一就是冰斗，它是冰川最初形成的地方；另一个显著标志是 U 形谷，它是冰川在缓慢的下滑运动中刻蚀山谷而形成的。

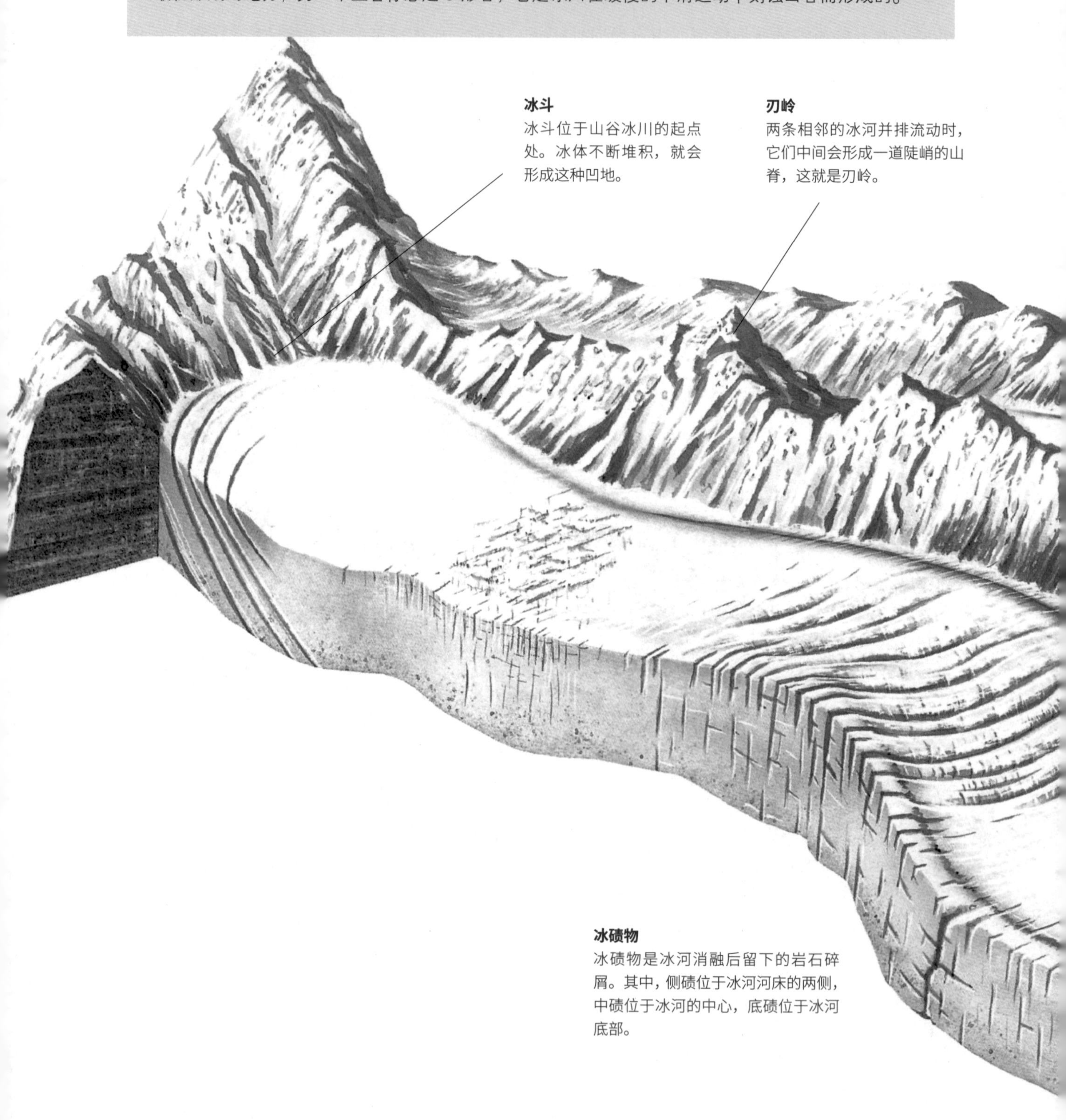

你知道吗？

冰山

当冰川到达海洋的时候，冰川末端厚厚的冰块会断裂，形成冰山。这也被称为裂冰现象。山谷冰川形成的冰山呈块状，形状不规则。在北大西洋常常能见到这种冰山。1912 年，一座这样的冰山导致“泰坦尼克”号远洋客轮失事。南极洲的冰山是由南极冰盖的冰体破裂形成的，这样的冰山宽阔平坦，常常绵延数千米。

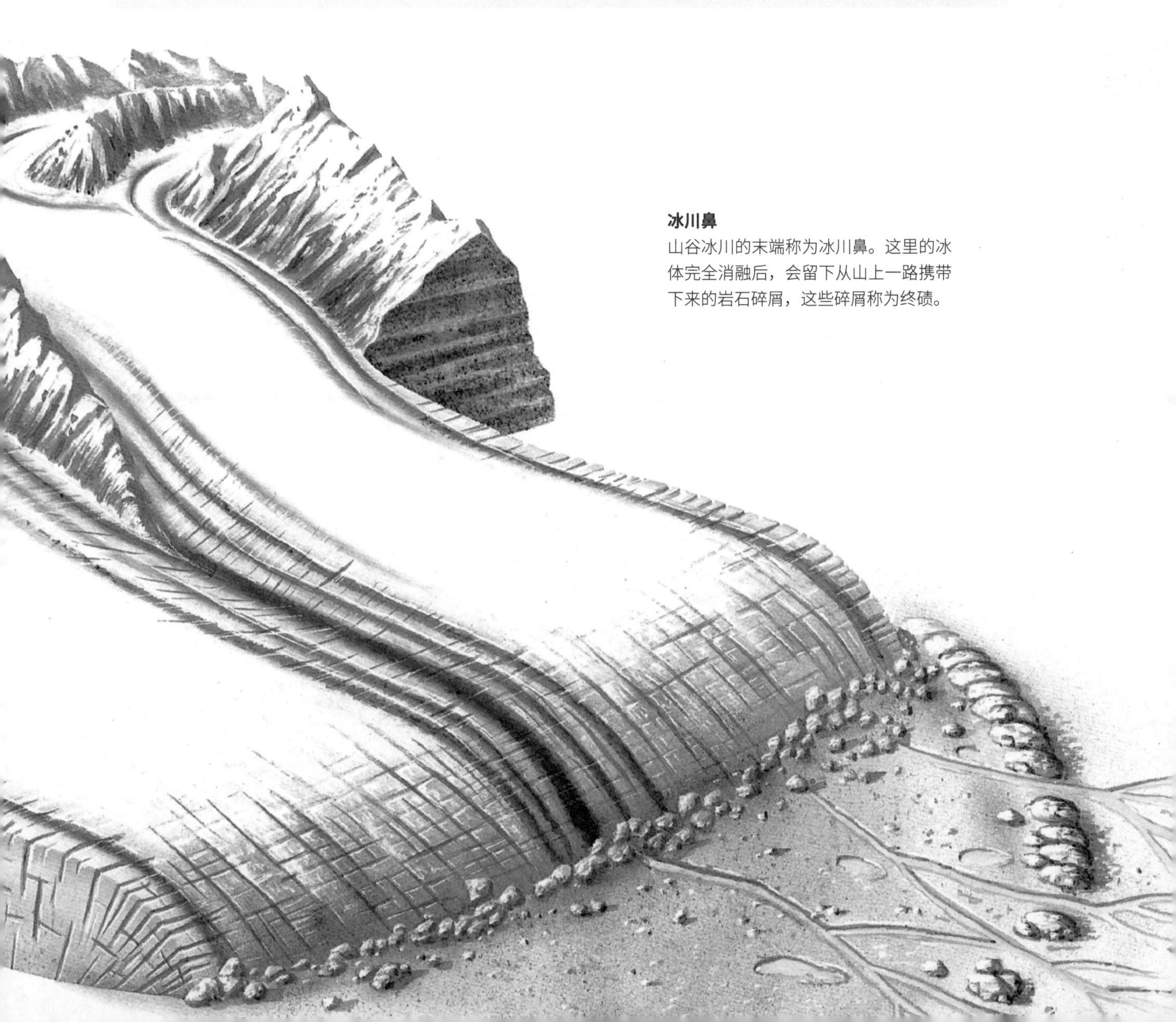

冰川鼻

山谷冰川的末端称为冰川鼻。这里的冰体完全消融后，会留下从山上一路携带下来的岩石碎屑，这些碎屑称为终碛。

随着天气变暖，冰川开始融化。融化而成的水涌进冰裂隙，在冰层底部侵蚀出许多地下隧道，最后再从冰川的末端（称为冰川鼻）喷涌而出。由于冰川携带的所有岩石碎屑（冰碛物）都从冰川鼻流出，所以冰川鼻通常看起来比较脏。随着冰川鼻中的冰块进一步融化，冰碛物就会沉积下来留在原地，而冰川融化成的水则流向大海。

冰盖

在南北极附近，气候非常寒冷，那里的整个大陆都被冰川所覆盖，这种冰川称为大陆冰川，也称冰盖。现在，世界上有两个主要的冰盖，一个位于南极大陆，另一个位于格陵兰岛。这两个冰盖非常巨大，以至于它们本身就可以被看成是一个“冰大陆”。北冰洋附近的冰岛的部分地区也有一些小型的冰盖。

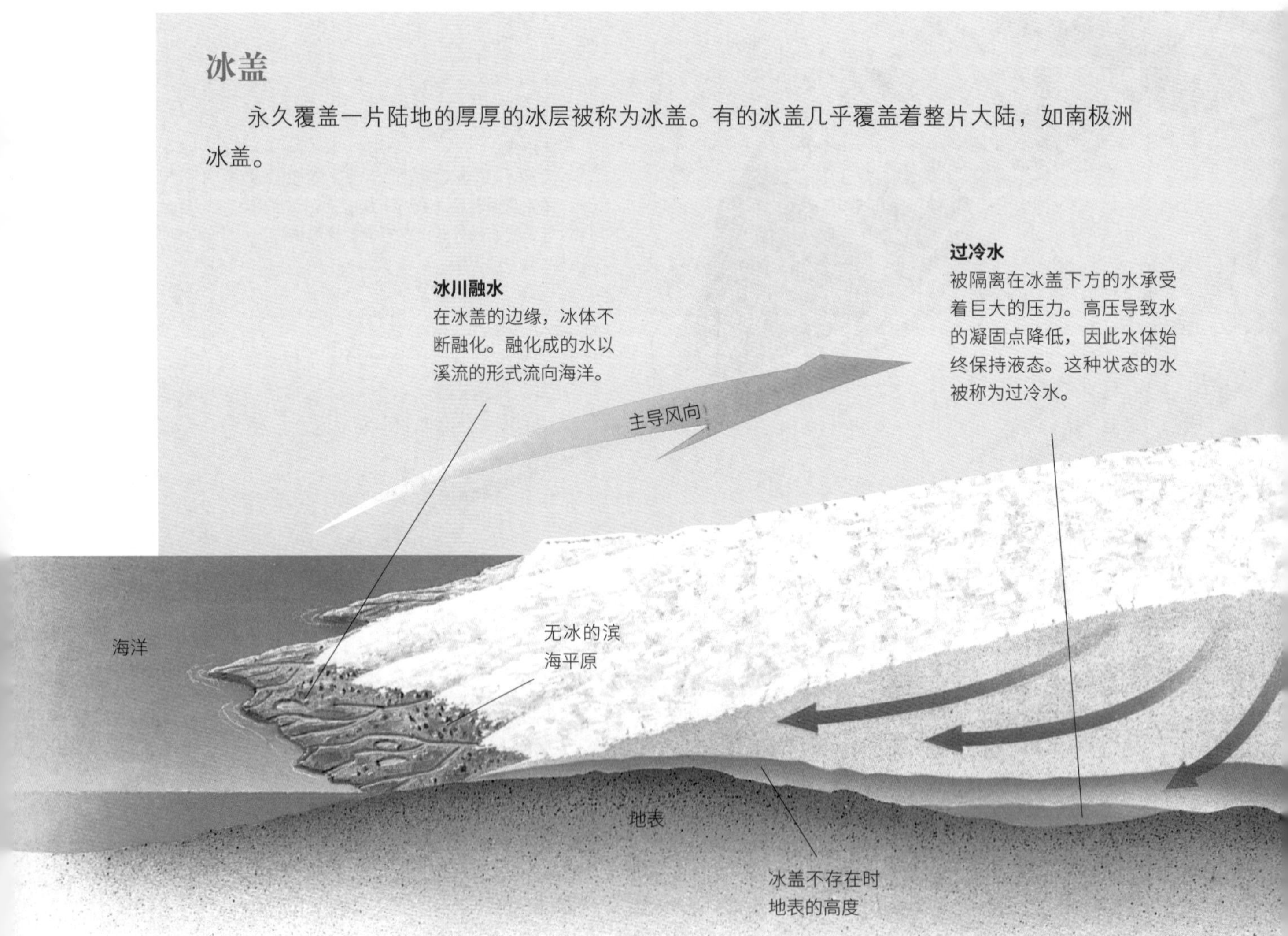

冰盖

永久覆盖一片陆地的厚厚的冰层被称为冰盖。有的冰盖几乎覆盖着整片大陆，如南极洲冰盖。

冰盖的运动方式与山谷冰川类似，它们都是从最初形成的地方开始运动的。但与山谷冰川不同的是，冰盖不是向一个方向运动，而是向四周运动。“冰大陆”中心的降雪远离海洋暖流的影响，逐层堆积，最后就变成了冰体。随着降雪越来越多，形成的冰也越来越多，冰体的压力不断增大，从而推动中心冰体向边缘运动。

然而，山脉常常会阻碍冰盖的运动。为了避开这些障碍物，冰盖就会分支进入山谷，形成山谷冰川。暴露在冰川上方的山峰则称为冰原岛峰。如果冰川不消融，在越过山脉后，它们还会重新汇合在一起，形成山麓冰川。

冰盖下方的陆地表面上有许多凹地，这些凹地往往会形成水池，水池里充满冰冷的水。在巨大的压力下，水的凝固点降低，因此这些水仍然可以保持液态。科学家们从未亲眼见过这样的水体，因为如果他们钻孔取水，那么水池的压力就会降低，水体就会立即冻结。

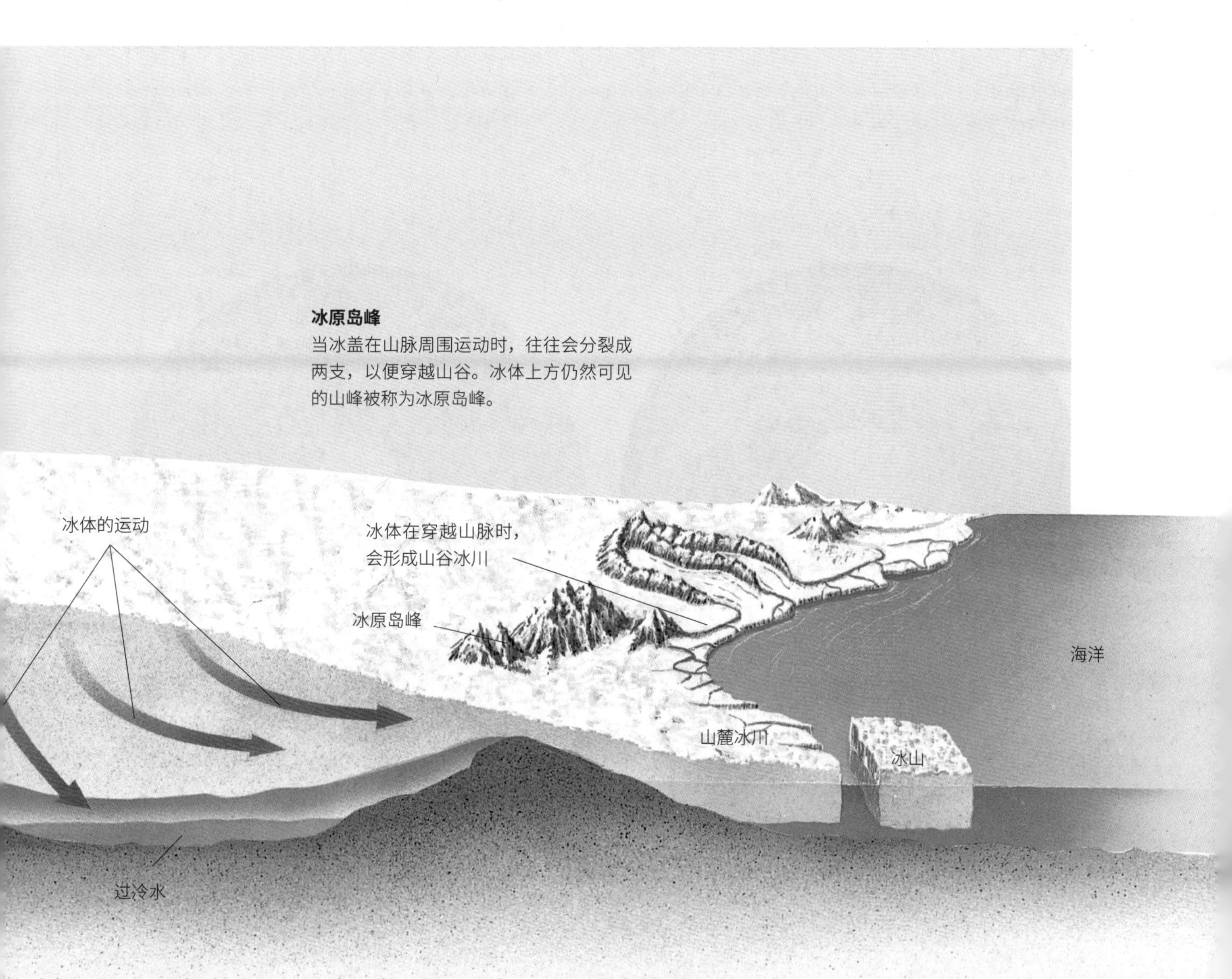

冰原岛峰

当冰盖在山脉周围运动时，往往会分裂成两支，以便穿越山谷。冰体上方仍然可见的山峰被称为冰原岛峰。

▲ 格陵兰岛是一个巨大的岛屿，岛屿的绝大部分地区都位于北极圈内，这里有许多冰川。图中的冰川在冰川鼻处沉积了大量的细粒终碛物。

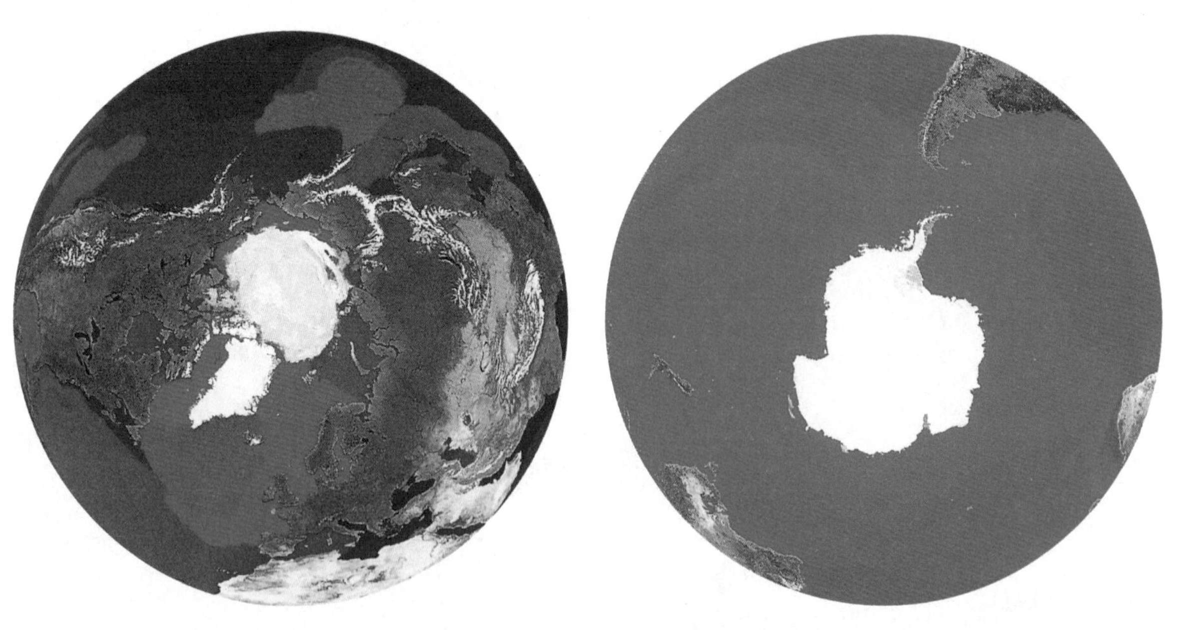

▲ 图中的卫星图片显示了当今世界上的主要冰盖：北极冰盖和它西南部的格陵兰岛冰盖（左图），以及南极冰盖（右图）。

古老的冰体

由于冰盖是由多年来不断堆积的厚厚的积雪构成的，因此过去的地质情况可以被保留在冰盖的冰体内。科学家们会钻取厚厚的冰柱——冰心，并通过研究这些冰心获得一些地质信息，如同研究树木的年轮一样。例如多次猛烈的火山喷发会在冰体内形成层状火山灰，我们数一数冰心中的冰层就可以大致推算出火山灰层的年龄。

有时候，在消融的冰盖边缘可以找到陨石。这些陨石可能是几千年前落到冰盖上的，然后被运动的冰体带到了冰盖的边缘。随着冰体的融化，陨石就被沉积下来。

神奇的冰川标志

冰河和冰盖在经过某一地区，又融化消失后，会在那里留下一些明显的标志。冰川流经的山谷往往呈现出明显的U形，另外，冰川最初形成的地方往往被碾磨成深深的凹地，被称为冰

▲ 一位冰河学家正在研究取自南极冰盖的冰心，对冰心成分的分析可以为我们提供丰富的信息，以便研究过去的气候变化和现在的污染状况。

斗。如果两个 U 形谷肩并肩地发育，那么在它们中间会形成一道窄窄的陡峭的岩石山脊，称为刃岭。当冰川移动时，冰川底部的岩石碎片不断刮刻平坦的地表，从而在地面上留下深深的擦痕，称为条痕。

随着冰体的消融和撤退，被冰河或冰盖包裹的岩石物质（冰碛物）就会沉积下来。这些物质往往形成泥砾层——细粒黏土和沙砾的混合物，它们覆盖着广阔的区域。有时候，这些冰碛物会沉积成椭圆形的山丘，称为鼓丘。蜿蜒的冰碛沉积物——蛇形丘可以显示出冰下河流曾经流过的路径。

北美洲北部、北欧和亚洲北部在最近的冰河期（大约 1 万年前才结束）都曾经被冰层覆盖，所以在这些地区，可以找到上述所有的冰川标志。

洞穴

洞穴是一种深藏在地下的景观，它是所有地质奇观中最引人入胜、最神秘莫测的。从美丽壮观的冰洞到异彩纷呈的钟乳石溶洞，洞穴总是能够震撼我们的眼睛。

天然洞穴从本质上来说是地下的大型空洞。我们脚下的地层中可能也有一些小的空洞，但是一般来说大到允许人们进出的空洞才能被称为洞穴——事实上，在人类历史的早期，我们的祖先就居住在洞穴里。世界上一些著名的洞穴，如法国西南部的拉斯考克斯山洞，就曾经是史前人类的居住地。

洞穴是如何形成的

在世界各地各种类型的岩石中都能发现洞穴，不过它们在石灰质岩石中最为常见。石灰质岩石包括石灰岩和白垩（一种松软的方解石粉块，主要成分是碳酸钙）等。洞穴有着多种多样的形成方式。

海浪不断侵袭岩石的薄弱部位就会在海岸岩崖上形成小型洞穴。有时盐水的化学侵蚀作用就可以形成洞穴，并且它们往往发育成神秘壮观的溶洞。有时压力也能形成洞穴，当海浪把海水推压入岩石裂隙时，巨大的压力可以使岩石完全碎裂。偶尔，在洞顶某些薄弱的地方会产生塌陷，从而在顶部形成一个朝天的洞口。海水有时会从这个洞口涌出，形成一股竖直的水柱。

当熔融的矿物质在一个固体表面下流动时，会形成一条长长的隧道状洞穴。对于流动性很强的熔岩流，如夏威夷火山喷出的熔岩流，其表层可能已经冷却固化成了一个固体的外壳，而下方的红热岩浆仍然在隧道里流动。当所有的岩浆最终冷却下来的时候，这些隧道就形成了洞穴。在温暖的春季里，冰川融化出的雪水在冰体内深深的隧道中涌动，当雪水停止流动的时候，这些隧道就会形成漂亮的蓝色冰洞。在结冰的瀑布下面也能形成冰洞，这些冰洞的洞顶常常垂下闪闪发光的冰柱。

岩石的褶皱和断裂也能在地下形成空洞和隆起，而地震作用往往形成深深的像洞穴一样的巨大裂隙。

▲ 在泰国甲米府巨大的钻石岩洞（Diamond Cave）里，人类显得如此渺小。在洞穴里，巨大的钟乳石从洞顶垂下。

运动的水体

到目前为止，世界上的主要洞穴都是由水体缓慢流过可溶性岩石形成的。这种情况在石灰岩地区尤为常见，因为石灰岩表面有大量的裂隙（节理），而且很容易被碳酸溶解——雨水会吸收空气中的二氧化碳并形成碳酸。日积月累，这个过程就会形成巨大的洞穴网络，如美国肯塔基州宽度超过15千米、长度达560千米的猛犸洞穴系统，以及位于英国约克郡的英格尔伯勒山下面的洞穴网络。

随着雨水降落到岩石上或者汇聚成溪流在岩石上流淌，并通过岩石的节理渗入其中，侵蚀过程就开始了。水流就会通过化学溶解作用和物理剥蚀作用不断加宽裂隙。水流会在岩石内逐渐下渗并进一步溶解岩石，从而在地下“开凿”出洞穴。这样的洞穴被称为落水洞，只有在采矿过程中意外发现它们的洞口时，人们才有幸见到落水洞。

一旦岩石的裂隙被水体开掘得足够大，水流就会以小溪的形式在其中流动。随着喷涌的水流卷裹着岩石碎屑不断剥蚀岩壁，侵蚀的速度会戏剧般地加快。小溪经常交汇在一起，在地下交错成网状的分支。广阔的洞穴网络就是由这些分支形成的。尽管探察洞穴的人非常勇敢，但是亲身探险并不能把复杂的洞穴网络摸得一清二楚，查明洞穴网络的唯一途径就是在洞穴溪流里投放染料。此外，溪流分支交汇的地方可以形成巨大的主体洞穴。

溪流会逐渐向下剥蚀主体洞穴的地面，所以支流的入口和出口常常位于主体洞穴高高的岩

▶ 在挪威的尼加斯布林（Nigardsbreen）冰河中，融化的冰水在冰川下迅速流动。这样一来，冰体内就会形成一个隧道，当水再次冻结的时候，隧道就会变成一个冰洞。

▲ 位于我国辽宁省本溪市太子河畔的本溪水洞，是四五百万年前形成的大型充水溶洞，也是迄今世界上已发现的可乘船游览的最长的地下暗河。洞内千姿百态、光怪陆离的钟乳石奇观享誉海内外。

壁上。溪流不断向下侵蚀岩石直至到达地下水面。处于这一平面上的岩石中的水永远是饱和的，所以当溪流到达这里时，洞穴的地面可能被一系列地下湖泊所覆盖，形成所谓的湿洞。只有专业的潜水员才有足够的胆量冒险进入伸手不见五指的洞穴深处。

洞穴的大小和形状

洞穴的大小和形状取决于被侵蚀岩石的结构。在岩层大体平坦的地方发育成的洞穴，主要是长长的水平岩洞，彼此之间由竖直岩洞连接在一起。它们或者形成陡峭的岩石洞壁——称为溶洞斜坡，或者形成隧道状的岩洞——称为壶穴。壶穴可能非常深，英国约克郡著名的大裂谷的垂直深度超过 100 米。在倾斜的岩层处发育成的洞穴倾向于较宽、较低。在地下很深的地方，常常形成管状岩洞，因为上面岩石的压力会挤压洞穴的岩壁，导致岩壁大片裂碎。

地球的磁场

我们生活的地球是一个巨大的磁体，每一个进入它的磁场范围的物体，从地壳中的磁性矿物到天上的飞鸟，都会被它那看不见的磁力所影响。

从某种意义上说，地球就是一块磁铁，就像我们日常使用的其他磁铁一样，只是地球这块磁铁要大得多。

磁性是一种电荷效应，绝大部分地球磁场（地磁）都是由地核中电荷的运动产生的。地球的飞速转动促使地球外核中的液态金属物质也旋转起来，就如同旋转的榨汁机里的果汁一样。随着液态金属的运动，地核变成了一个巨大的发电机，产生了巨大的电流，就是这些强大的电流使得地球具有磁性。

▲ 信鸽可能是利用地球的磁场来指引它们找到回家的路的。但是科学家们目前还不确定其中的原因。

▲ 铁、钢和镍是天然的磁性材料。但是如果用它们来制造指南针去进行导航和定向，就必须通过电磁感应将它们变成永久磁体。但是有些材料，如天然磁石，由于富含某种铁的化合物，本身就是天然的永久磁体。

你知道吗？

指南针的历史

4000 多年以前，古代中国人发现，如果让天然磁石自由旋转，它总是会指向北方。于是他们把天然磁石制成勺子形状，平衡地放在一块光滑的底盘上，从而制造出了世界上最早的指南针——“司南”。指南针技术后来传到了国外，2 世纪，阿拉伯海员已经开始利用磁石来指引航线了。到了 10 世纪，欧洲人也开始使用磁石制成的指南针了。

磁极

地球的磁性没有某些行星，如木星和土星的磁性强。但是它仍然足以影响进入它的磁场范围的每一个磁性物体。和所有的磁体一样，地球也有两个磁极。如果你让一个小磁针自由地摆动，地球的磁力就会使小磁针的一端总是指向北极，而另一端总是指向南极。罗盘的指针就是一个小磁针，它总是指向固定的方向。不过需要注意的是，罗盘的指针所指的方向大致是地理的北极，而不是地磁的北极。地理的北极与地磁的北极是相反的。地磁的北极位于地理的南极附近，而地磁的南极位于地理的北极附近。而且，地球磁极的位置是缓慢变化着的，因此航海员和飞行员的地图必须不时地更新。

指南针（或者任何其他的磁体）指向地球的地理北极（地磁南极）的一端称为“指北极”，或者简称北极（N 极），指向地球的地理南极（地磁北极）的一端叫“指南极”，或者就叫南极（S 极）。

大开眼界

变化的磁极

当火山岩形成的时候，岩石内部的磁性微粒都顺着地磁场方向排列，就像指南针那样。随着岩石的固化，这些磁性微粒也被冷却固结在岩石里，从而成为那个时期地球磁场方向的永久记录。通过对这些微粒的研究，科学家们已经发现不仅地磁场在不断地变化，而且地球的南北极也在不停地交换位置。这个过程叫作地磁极逆转，或者简称磁极逆转。

磁层

地球磁场的影响力并不仅仅局限在地球的表面，它的影响可以触及高度超过 6 万千米的空间，从而形成一个围绕着地球的看不见的巨大球形磁场，称为磁层。在磁层的最外边界，地球磁场太弱了，甚至无法转动小磁针或固体磁铁，但是它仍然足以对太阳喷发出来的微小带电粒子产生巨大的影响。

地球磁体

地球内部存在一个有磁性的铁核，这个磁性铁核使得地球内部好像放置着一个巨大的条形磁体一样，持续产生着强大的磁场。地球的磁轴与地球表面的交点叫作地球的磁极。地球磁轴与地理南北极连线不是重合的，而是有一个交角，称为磁偏角。

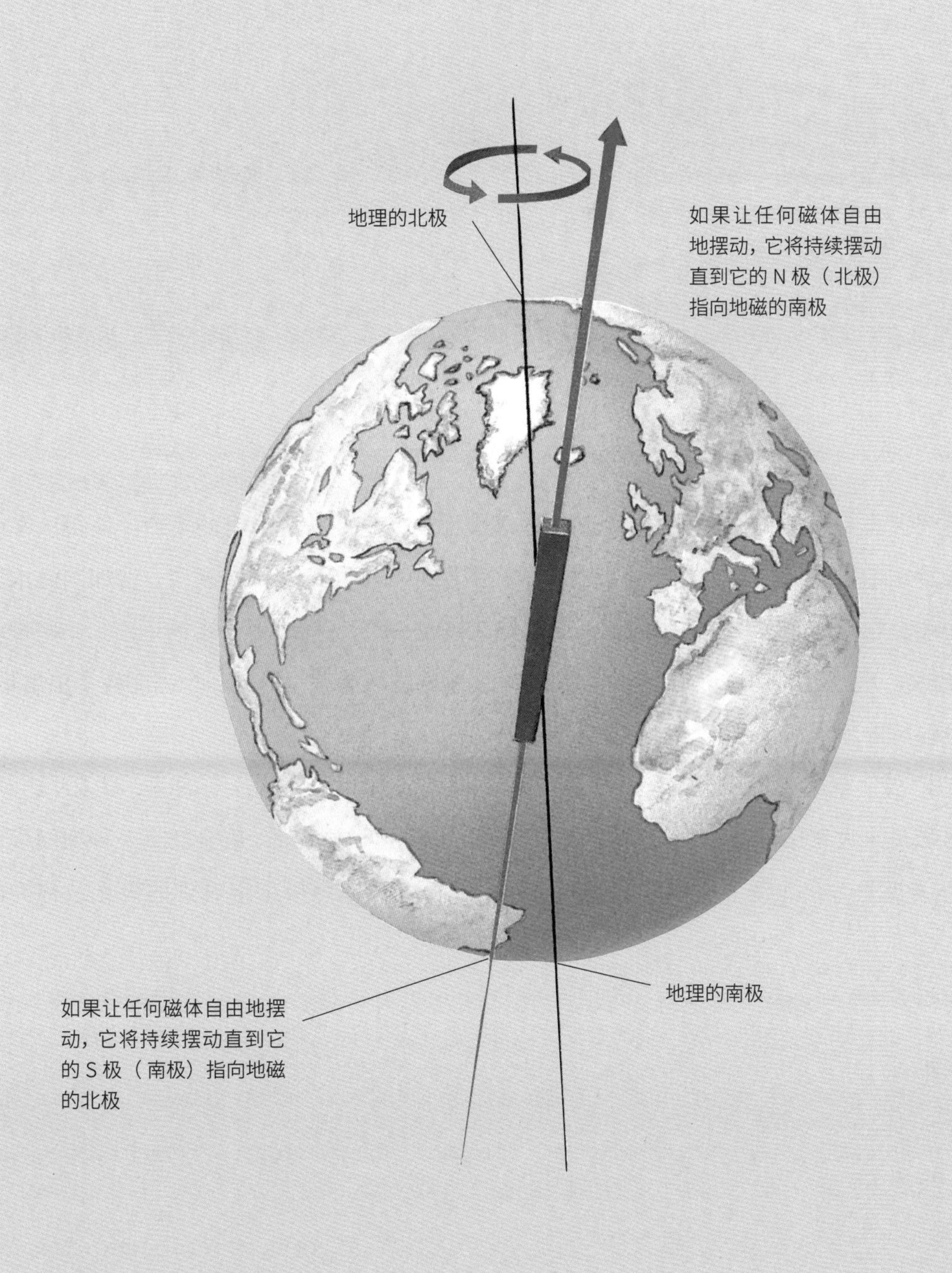

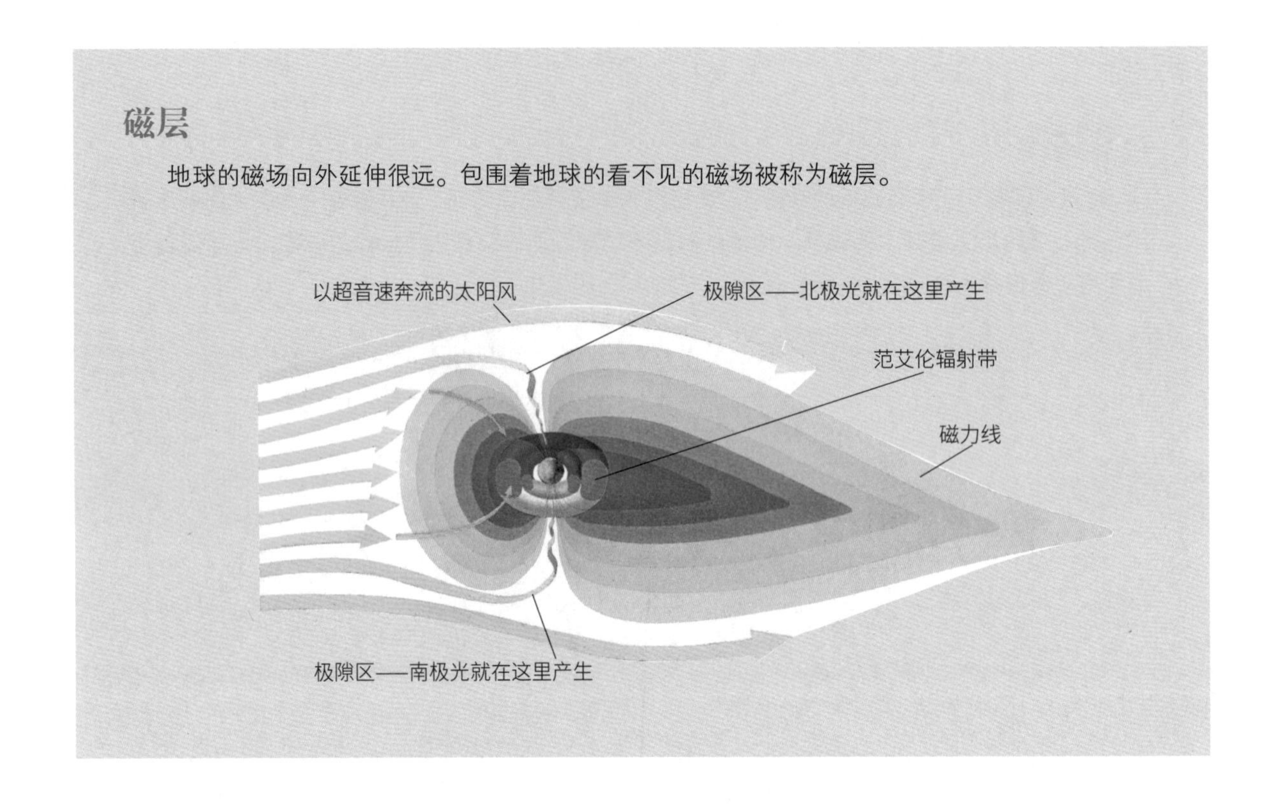

如果这种带电粒子流（称为太阳风）到达地球表面，就将威胁到所有的生命。值得庆幸的是，我们被地球的磁层保护着。大部分带电粒子在磁层外面不断地冲刷着磁层，就如同海水不停冲刷着小船。它们在地球背对太阳的那一面延伸，拖着一条长达 25 万千米的尾巴。一些带电粒子确实能够渗透到磁层的外缘，但是它们在这里被地球磁场捕获，形成一个高能粒子辐射带，称为范艾伦辐射带。

在地球两极上空的磁层中，存在一个漏斗状的凹陷，称为极隙区。有时候，太阳风会从这个漏斗区域进入大气层。当它们与空气中的原子和分子相互碰撞时，就会产生一种绚丽多彩的光幕，称为极光。在北极上空看到的极光被称为北极光，在南极上空看到的极光被称为南极光。

地图制作

从古希腊人认识到地球是一个球体并发明了第一个地图投影以来，现代的地图制作人用了很长的时间才学会使用激光设备、航空和卫星摄影技术、数字化数据库，以及计算机测绘技术来绘制地图。

绘制地图就是在一张纸上描绘出地球表面的形象。但这并不简单，因为地球是球体，纸张却是平面的。如果在一个旧网球上画一张粗略的地图，然后把它切开并试着压平，你会发现一个问题：陆地的形状被破坏了并被扭曲了。对小片区域来说，如一个城市中心，地表的曲率非常小，没什么关系。但是在绘制国家、陆地或月球表面时，制作地图的人（制图师）就必须使用地图投影。

为了便于参考，人们把地球表面用纬线和经线进行了分割。纬线是环绕地球与赤道平行的线，经线是连接地球南北两极的线。经线和纬线相互交织成格子。地图投影就是把每一格转换到平面纸张上。

一些投影精确表示出了陆地区域的相关大小，但是扭曲了它们的形状和方向，这是等面积射影法。其他一些投影方法精确表示出了陆地的形状和方向，但却扭曲了它的大小，这是保形（保角）射影法。每张地图在制作时都采取了一种折中方式，使用地图的人应该根据自己的需要选择最适合自己的地图。航海家使用保形射影图，因为他们需要精确地了解方向（方位）。

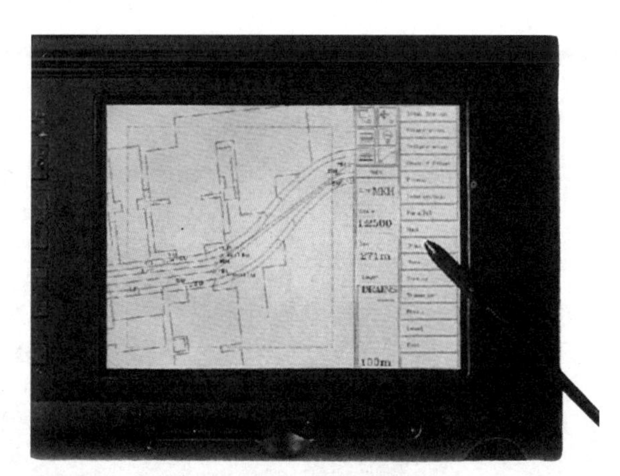

▲ 当人们策划好精确的测量方法以后，测量作业就变得既快又容易了。图中的笔触控制台展示出了公路排水系统的部分平面图。工程师可以通过荧光笔来进行修改。

传统的地图制作方法

绘制一片从未在地图上标注出来的区域，先要进行地面测量。进行地面测量时，测量

分割地球

绘图法最早起源于古希腊人，他们发明了一种用线格子来描述地球表面各个点的方法。

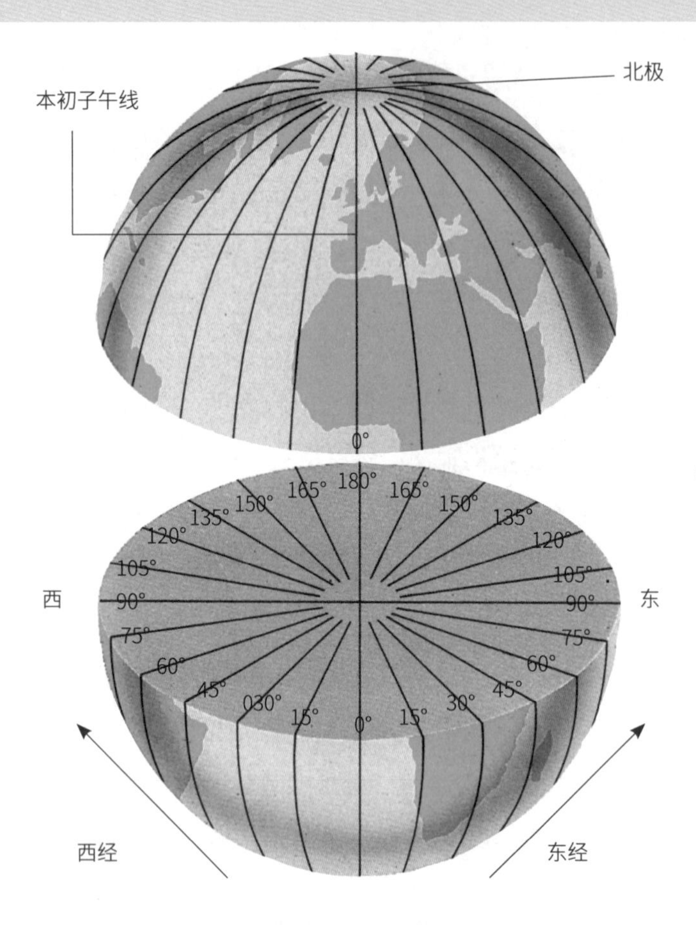

经线

经线（子午线）连接南北两极，并且给出了本初子午线（0° 经线）向东或向西的角距离。本初子午线穿过英国伦敦的格林尼治。

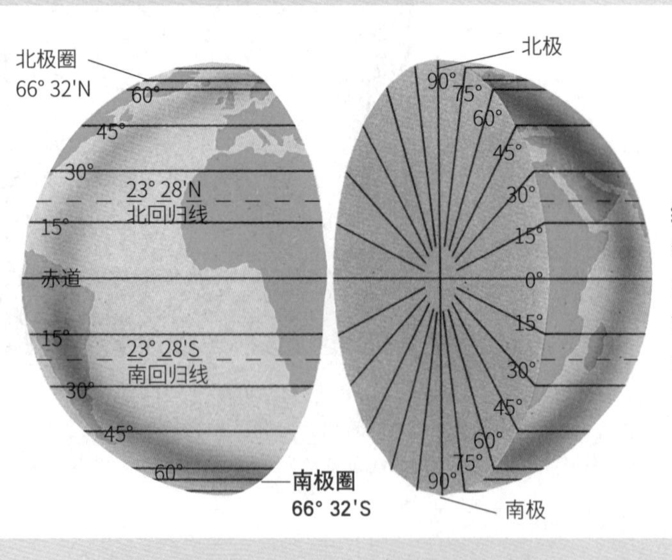

纬线

纬线给出了赤道南北每条线的角距离。北纬 23° 28’和南纬 23° 28’ 这两条纬线，分别是北回归线和南回归线。

员要用激光或雷达波来测出非常精确的基线，然后用经纬仪测量沿线各点到参考点的角度，例如山峰、河流转弯处，或者高层建筑物，然后用这些测量数据画一张新的地形草图。如果测量员有全球定位系统（GPS）接收器，能够通过来自人造卫星的无线电波信号精确记录方位，那么绘制出来的地图会更加精确。绘制地图的另一种方法是使用航空摄影图片。这是在飞机从高空中飞过时，快速而连续地拍摄的一组组长带子。但是每组带子中的照片都有大约 60% 的交叠，所以地面上的每处地方都要从不同的细微角度拍摄两次。照片中的交叠部分被放到立体观察仪中，操作员就能看到地面的三维图像。在立体观察仪的

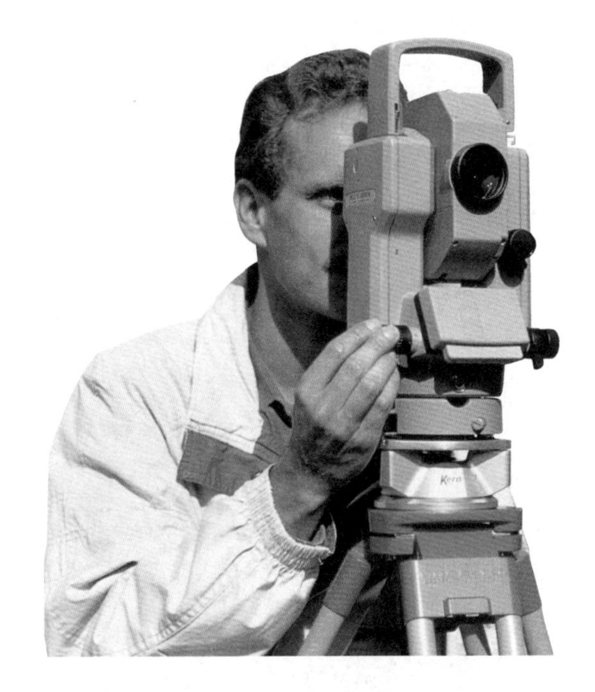

▲ 这种“莱卡”全方位经纬仪用来测量水平和垂直角度，它带有红外光束，能将距离精确到2毫米。随机携带的软件还能帮助测量员进行计算。

柱面圆柱投影

想象一下，用一张纸绕着地球仪，中心有一个光源。地球仪上的网格线会被投影到纸上，形成新的网格。这个网格在赤道处与地球仪上的是精确叠合的，但是在极点处却延伸了出去。

人们把改进后的柱面圆柱投影用于航海，因为它们给出了精确的罗盘方位。

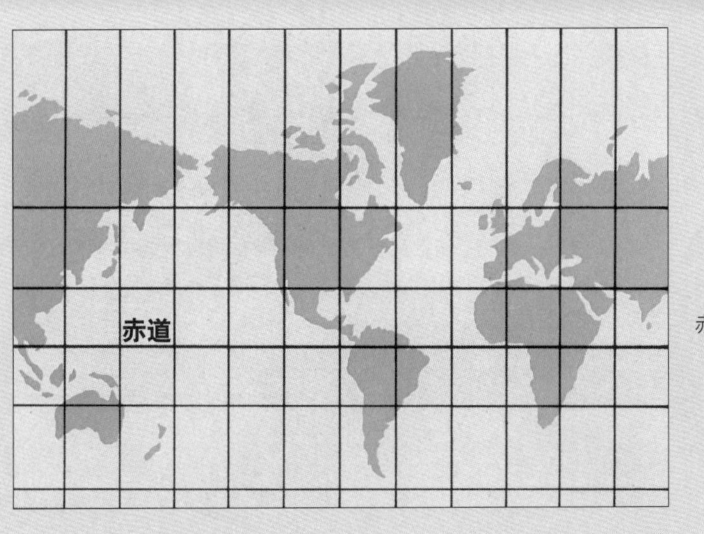

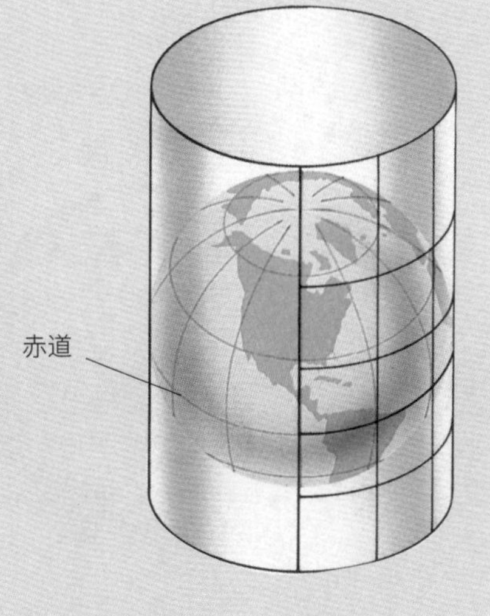

圆锥投影

地球仪中心的光源将网格投影在一张置于地球仪南北两极点的圆锥形纸上。纸上的网格和地球仪上的网格在它们互相接触的纬线（标准纬线）上重合，但是越远离叠合的纬线，地图就越变形。当圆锥被剪开并被展平后，纬线看起来就像是同心圆的一部分，而经线则像轮辐一样散开。与柱面圆柱投影图相比，这种地图的变形程度小，对于地处中纬度的国家和大陆非常有用。

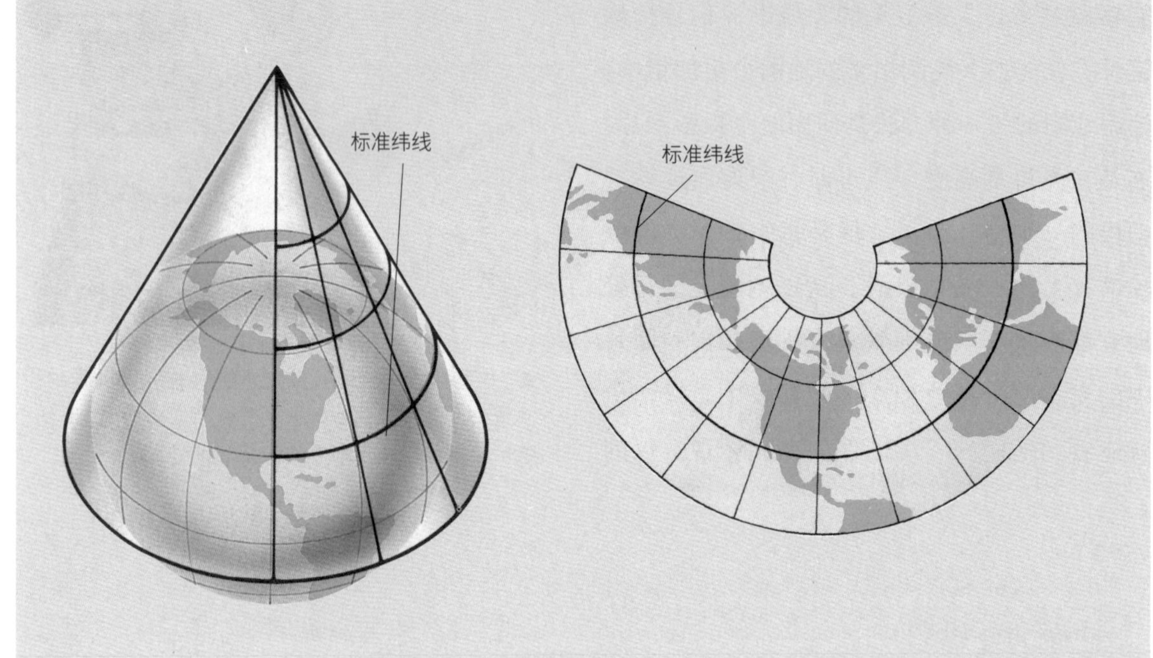

方位图法

方位图法是将地球仪上的坐标方格投影在只与地球仪的一个极点相接触的平面上。当绘制南北极点附近区域的地图时，这种投射方法相当有用，因为它给出了指向接触点的实际方向。

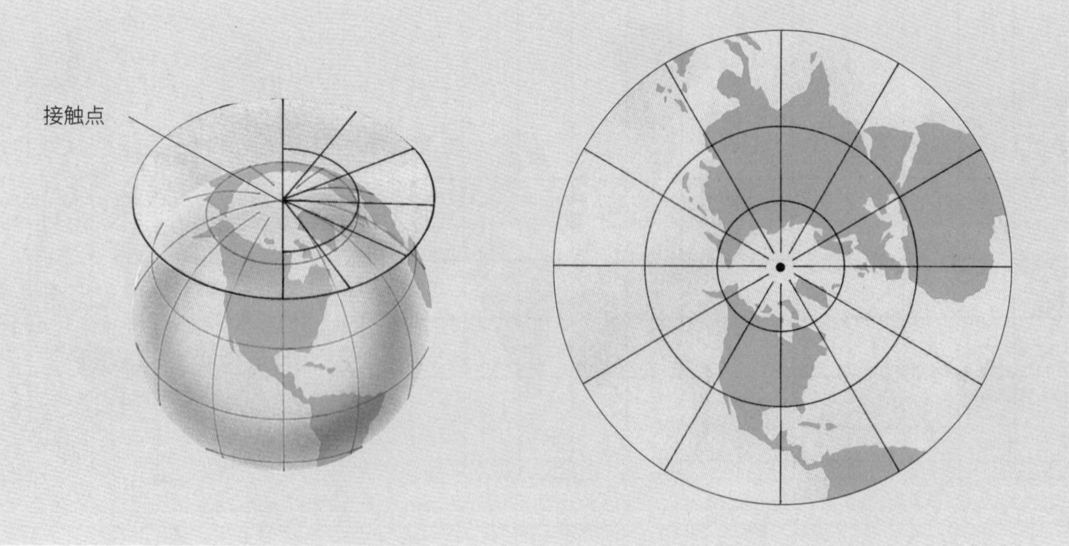

视窗里有一个浮动的光点，操作员可以将它向上、向下，或朝向任何一个方向移动。保持光点与地面图像的接触，绘图仪随着图像中的河流、公路和其他地形移动，一个与绘图仪相连的绘图设备就会在一张绘图材料上复制出相应的轨迹。有些绘图仪是先把信息以数字化的形式记录下来，再由计算机绘图设备单独绘制地图。

地形草图绘制好后，要在上面覆盖一层涂有专用乳胶的透明塑料。制图员用精细的

▲ 大小合适并且已经完成了的地形草图照片，被放在涂有一层感光乳剂的透明塑料下，准备用来制作高清晰度的图，为了让图上的线条符合印刷标准，这时需要用锋利的刻刀工具。

中断的地图

有些地图投影是通过计算或修改一个“真实的”投影得到的。它们实际上应该被称为转换。其中，它们又用了中断投影法。中断投影就是把世界地图划分成一系列的肺叶形状。由于它们都是等面积的，而且被修改过，大陆的形状并没有被过度扭曲，所以对描述世界地理的信息相当有用。

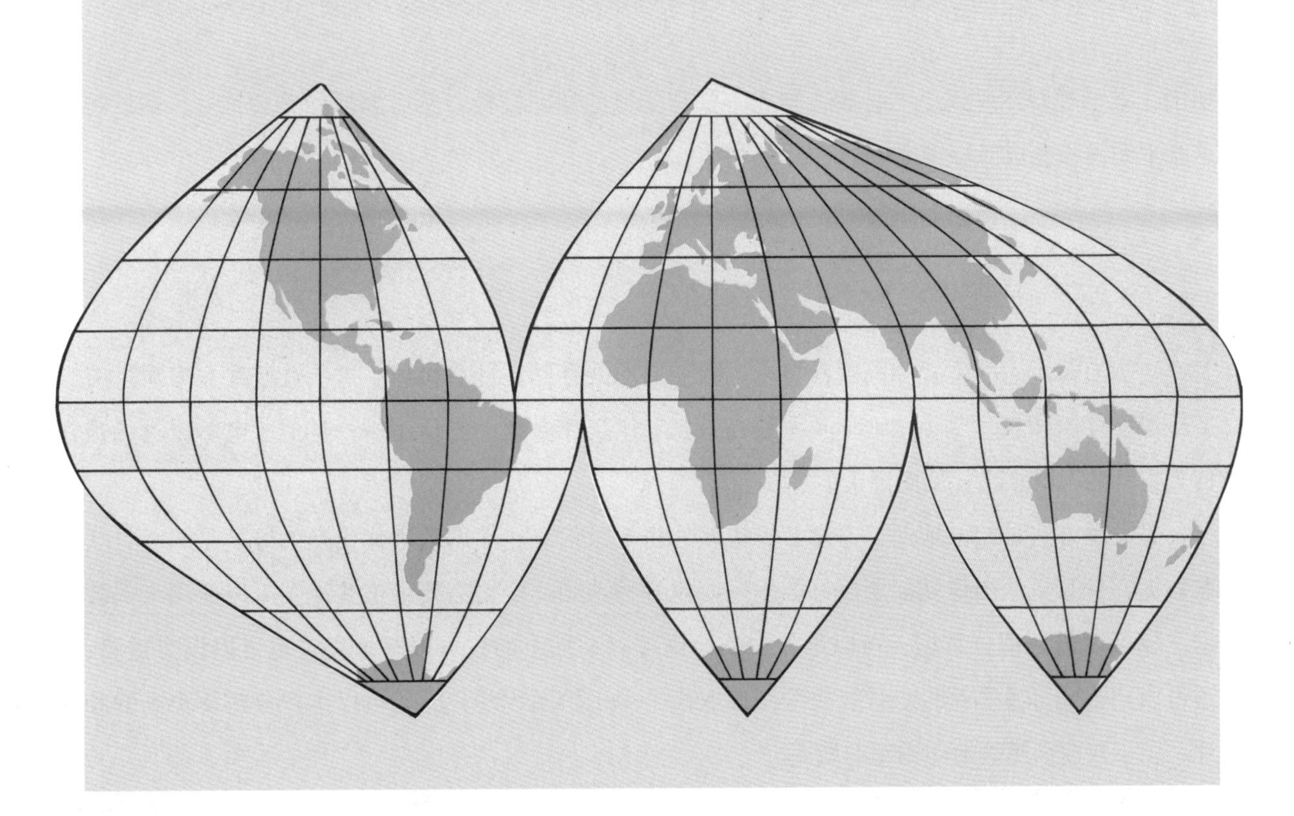

橘皮地图

1507 年，出版了一本有“12 瓣”（12 个部分）如橘皮一样的地图投影，尽管当时世界上还有很多地方没有被标注出来。图中陆地区域的大小和形状都很精确，但作为世界地图它却几乎没有什么用处，因为将它们展平之后有很多缺口。这也正是现代地图投影在设计时需要解决的问题。

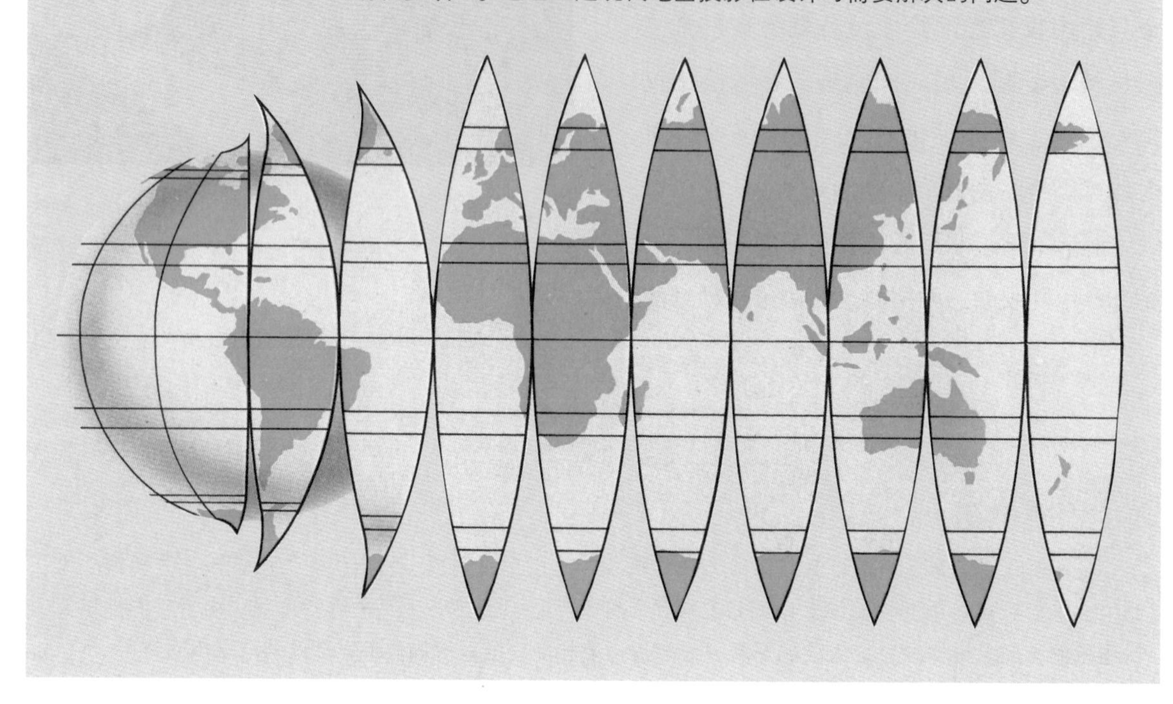

切削工具切掉草图基线上的乳胶，制成一张高质量的地图模板。然后添加标签和符号，最后将这张地图模板制成能够用来印刷地图的图版。

计算机辅助制图法

地图上每个点的位置和高度都可以用数字的形式存储在计算机里。这些数字要么来源于航空摄影立体绘图仪，要么把地形草图放在一张专用工作台上，然后用一种类似于电脑鼠标的被称为指针的工具点击，从而记录下每一个点。

另一种方法是扫描地图，通过计算机软件来记录信息。使用数字化信息的好处是，一旦获取数据，计算机绘图仪就能用编好的程序绘制各种地图。根据需要，这些地图可以使用全部数据，也可以只用部分数据；可以是放大的，也可以是缩小的；可以有道路，也可以没有道路；还可以用不同标签和符号。计算机绘图仪取代了手工绘图程序，而且可以生产分辨率很高的胶片，用于快速而精确地印刷新的地图。

鸟瞰图

用明暗法模拟高地的投影，制作地图的人可以创造出三维效果图。标准地图中展示的陆地就好像是垂直观察到的一样，但是斜角全景图常被用来作为旅游地图。下面图中展示了英国威尔士斯诺登峰国家公园的部分景观。下面左图中的方框和右图展示的是山上的火车站。

同一城市的两个全景图

上面这张图片是澳大利亚的悉尼的全景图，它是 SPOT-1 地球资源卫星用那种专门装在民用遥感卫星上的高清晰照相机拍摄的。小框中的图呈现了悉尼歌剧院和海港周围区域的详细景观。右边的地图（被旋转过）描述的是海港区的街道平面图。

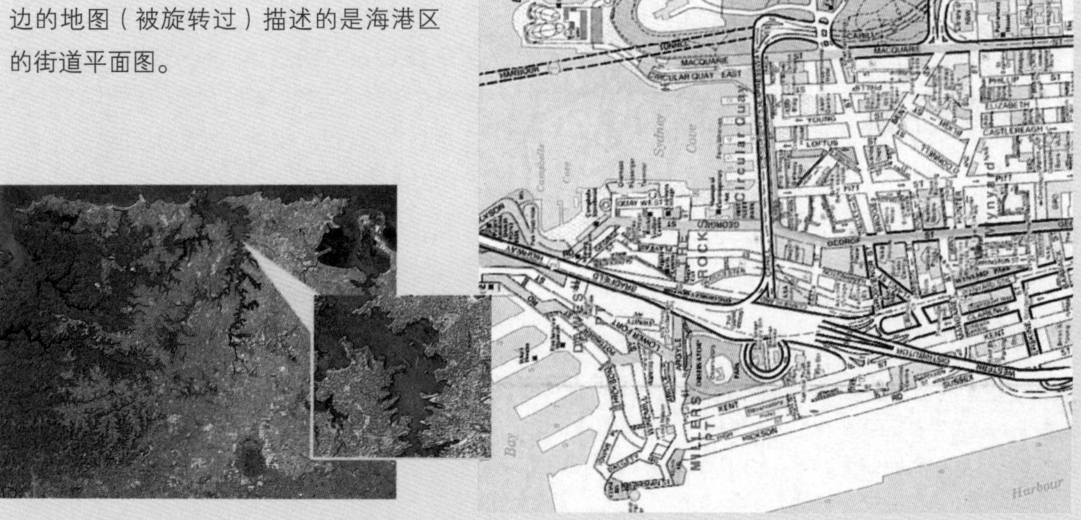

地图和海图

如果你想知道伦敦在哪儿，想知道如何驾车从北京去西安，想知道珠穆朗玛峰是由什么岩石组成的，想知道高粱的主要种植地在哪里，地图都可以告诉你。

自从有书面文字开始，地图和海图就出现了。雕刻在泥板上的古巴比伦地图是世界上最早的地图之一，它可以追溯到公元前 2500 年。它显示的是一个坐落在山谷中的小村镇，村镇的四周都是山。

在古代，最有名的地图绘制者是希腊的托勒密。他把当时可以获得的所有信息收集起来，绘制出了八卷地图。

▲ 这是一张英格兰西南部的达特茅斯港口的海图，海图上放着海员们常用的另外几种主要工具——刻度尺、量角器、圆规，以及导航专用的可以用来画方位的尺子。

大开眼界

最昂贵的地图册

历史上最昂贵的地图册是托勒密绘制的世界地图的一份复制品。1990 年，它在一次拍卖会上被人以 200 万美元的价格拍下。这份地图册在印刷术发明以前就已经绘制出来了，但是直到 15 世纪，印刷术在欧洲发展起来后，才印刷出了一些副本。

现代地图则以精确的测绘方式、航空拍摄和卫星拍摄的图片，以及电脑绘图技术为基础，为我们提供了各种各样的地图，从路况图、地貌图，到一些显示人口分布、粮食和能源、城市地铁系统，甚至购物中心和主题公园位置的专项地图。

▲ 从前，卫星导航设备通常都很大，而且很昂贵，但那个年代一去不复返了。如今，最多花上几千元钱，登山爱好者就可以拥有一流的GPS定位系统。这种可以装在口袋里的轻巧工具，可以接收几十个卫星发来的信息。

地图的基本要素

一张实用的地图需要几种基本的要素。第一个要素是方向。一张地图必须指明哪个方向是北方，否则使用者就无法进行准确的定位。在城市中心，这可能不是一个大问题，因为人们很容易就可以通过周围的建筑物辨别方向，但是在沙漠和丛林中，或者在南北极，标明方向就显得非常重要了。实际上，在大多数地图上，尤其是那些显示了地表大片面积的地图上，都有一个指示地理北极的箭头，还有一个指示地磁北极的箭头（地磁北极是指南针所指的方向）。

地磁北极和地理北极之间有一定的距离，所以这两个箭头并不重合。因此，旅行者应该让指南针的指北极与地图上指示地磁北极的箭头方向一致。在距离北极很远的地方，两个箭头之间的夹角很小，但是在靠近北极的地方，这个夹角就很大了，旅行者必须了解二者的区别。

地图还需要有比例尺。地面上几千米的距离，在地图上表示出来可能只有几厘米。没有比例尺，我们就无从得知地图上的两个地点事实上相距500米还是50千米。比例尺常被写成数学比例的形式，例如，如果一张地图用2厘米表示实际距离的1千米，那么它的比例尺就可以写作1 ：50000。

地图的第三个要素是图例。图例用简要的文字说明，告诉我们地图上的所有符号分别代表什么意思。比例尺较大的地图，常有不同粗细和颜色的线条，用来标注不同级别的公路和铁路。公共汽车站、火车站、教堂、桥梁和古战场都有自己特定的小图标。省界和国界用不同的线条表示，森林、草地、湖泊、沙丘分别用不同的颜色和符号表示。

在一张标示人口密度的地图上，不同深浅的颜色分别表示不同的人口密度，比如每平方千米不到100人、每平方千米100人到999人，每平方千米1000人到9999人等。还有一种方法是用不同大小的符号来表示不同规模的居民区，比如用直径2毫米的圆点代表有1万居民的城镇，用直径1厘米的圆点代表人口超过10万的城市。

土地使用图

大幅的地图显示了一个国家，甚至一个大洲的土地利用情况。这种地图标示出了土地上的东西，比如一片土地上种植了什么作物，哪一片土地是荒芜的。在国内，专家们常常利用详细的土地使用图对农业、交通、住房、工业和办公用地进行规划。

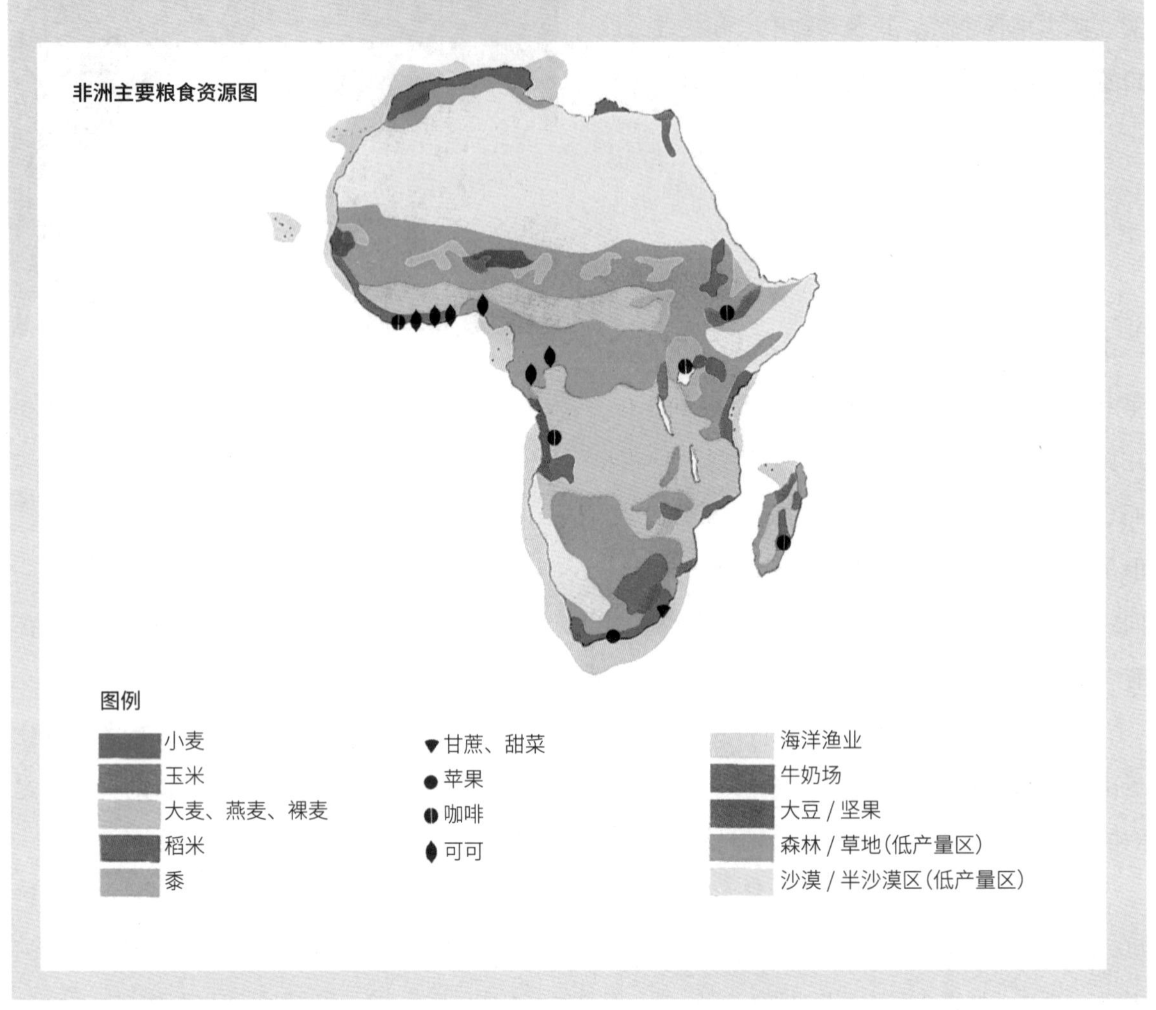

标示地形

一张大比例尺的地图（在登山时可能要用到这种地图）最大的优点是它标明了地形——高山、峡谷和平原等。这通常是用等高线表示的。在地图上，用线把海拔高度相同的地方连起来，就形成了等高线。一般海拔每增加 15 米，就画一条等高线，因此，如果两条等高线在地图上的间距很宽，就说明这里的坡度较缓，如果等高线非常密集，则说明地势十分陡峭。当等高线在地图上呈 V 字形时，就表示这里是峡谷或者高山。

环境图

大多数世界地图册中都会有世界环境图。其中，自然植被类型图是大家最熟悉的一种，气候图是另外一种，此外，还有详细的世界温度图、气压系统图和降雨分布图。地图也可以用来揭示空气和水的污染情况。

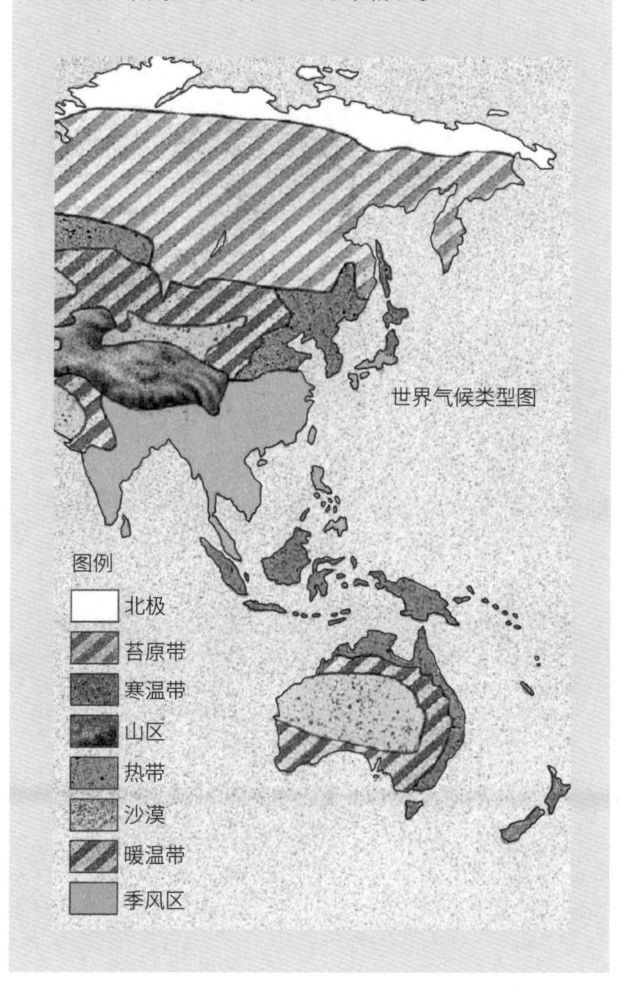

世界气候类型图

相似的方法也被用来绘制海床的地形图，尤其是深水中的海峡的地形图（海峡是从海洋进入河口和港口的安全通道）。把海平面下深度相同的地方相连，就绘制出了等深线，海员使用的航海地图也是按照这个标准画等深线的。

另一种表示地形的方法是利用山脉的阴影，即用颜色和阴影来表示高山留下的影子。这种方法很适合绘制山区地图，比如阿尔卑斯山脉的地图。

地图还是示意图

有一些特殊的地图是以一种示意性的方式来表达信息的，它们并不苛求描绘真实的世界。一个寻常的例子就是用来描述城市的公交系统和地铁系统的地图。在现实生活中，公交线路和地铁轨道都是曲折的，但是在地图上，它们都是直线和平滑的曲线。这种地图不会告诉我们两个车站之间的距离是多远，或者这两个车站坐落在城市的什么方位，但是它可以为我们提供交通线路网，我们可以从一条线路换乘另一条线路，辗转到达目的地。

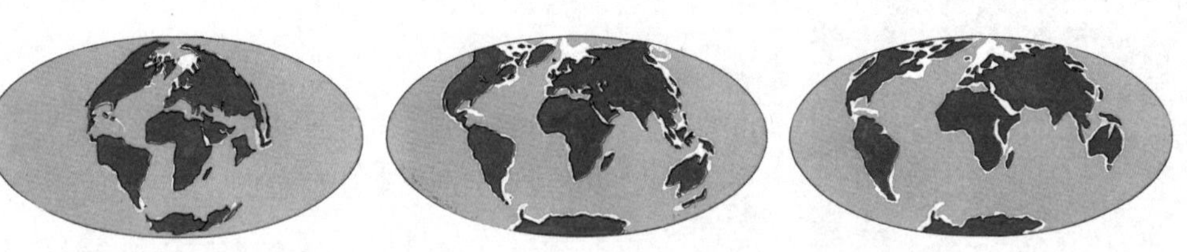
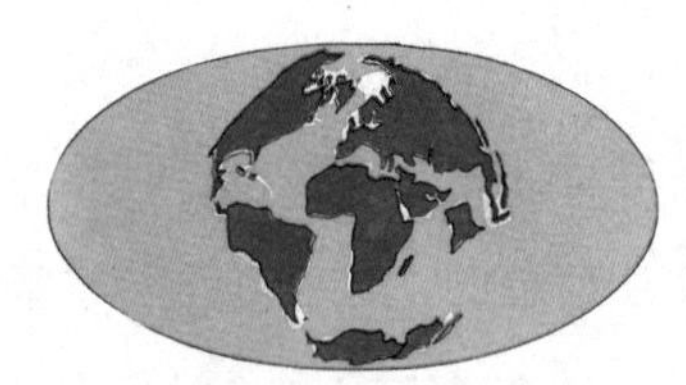

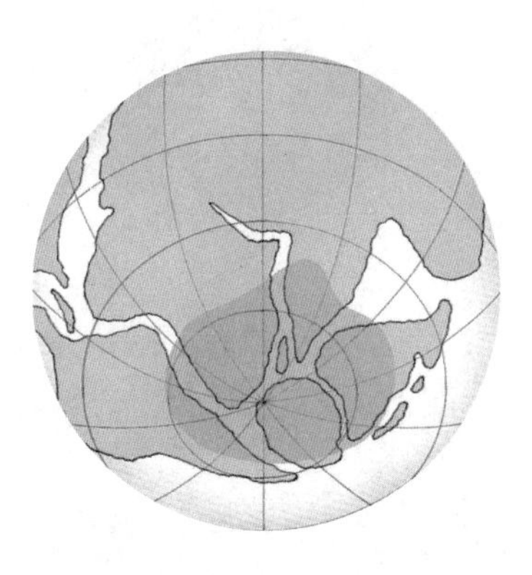